国家职业技能等级认定培训教材
国家基本职业培训包教材资源

美甲师

（基础知识）

人力资源社会保障部教材办公室　组织编写

中国人力资源和社会保障出版集团

中国劳动社会保障出版社　　中国人事出版社

图书在版编目（CIP）数据

美甲师. 基础知识 / 人力资源社会保障部教材办公室组织编写. -- 北京：中国劳动社会保障出版社：中国人事出版社，2020

国家职业技能等级认定培训教材

ISBN 978-7-5167-4122-1

Ⅰ.①美… Ⅱ.①人… Ⅲ.①指（趾）甲–化妆–技术培训–教材 Ⅳ.①TS974.15

中国版本图书馆CIP数据核字（2020）第028474号

中国劳动社会保障出版社
中国 人 事 出 版 社 出版发行

（北京市惠新东街 1 号　邮政编码：100029）

*

北京市白帆印务有限公司印刷装订　新华书店经销

787 毫米 × 1092 毫米　16 开本　9 印张　127 千字

2020 年 4 月第 1 版　　2021 年 8 月第 2 次印刷

定价：**28.00 元**

读者服务部电话：（010）64929211/84209101/64921644

营销中心电话：（010）64962347

出版社网址：http://www.class.com.cn

编审委员会

编 审 人 员

前　言

为加快建立劳动者终身职业技能培训制度，大力实施职业技能提升行动，全面推行职业技能等级制度，推进技能人才评价制度改革，促进国家基本职业培训包制度与职业技能等级认定制度的有效衔接，进一步规范培训管理，提高培训质量，人力资源社会保障部教材办公室组织有关专家在《美甲师国家职业技能标准》（以下简称《标准》）和国家基本职业培训包（以下简称培训包）制定工作基础上，编写了美甲师国家职业技能等级认定培训系列教材（以下简称等级教材）。

美甲师等级教材紧贴《标准》和培训包要求编写，内容上突出职业能力优先的编写原则，结构上按照职业功能分级别编写。该等级教材共包括《美甲师（基础知识）》《美甲师（初级）》《美甲师（中级）》《美甲师（高级）》《美甲师（技师　高级技师）》5本。《美甲师（基础知识）》是各级别美甲师均需掌握的基础知识，其他各级别教材内容分别包括各级别美甲师应掌握的理论知识和操作技能。

本书是美甲师等级教材中的一本，是职业技能等级认定推荐教材，也是职业技能等级认定题库开发的直接依据，已纳入国家基本职业培训包教材资源，适用于职业技能等级认定培训和中短期职业技能培训。

本书在编写过程中得到中国玉指美甲艺术学会、北京李安玉指美甲艺术职业技能培训学校、上海惠而顺精密工具有限公司、天美国际、亚洲美甲、广州北鸥化妆品有限公司、广州绿越化工有限公司、天津七琪美甲用品有限公司等单位的大力支持与协助，在此一并表示衷心感谢。

人力资源社会保障部教材办公室

目　录

绪 论

内容结构图

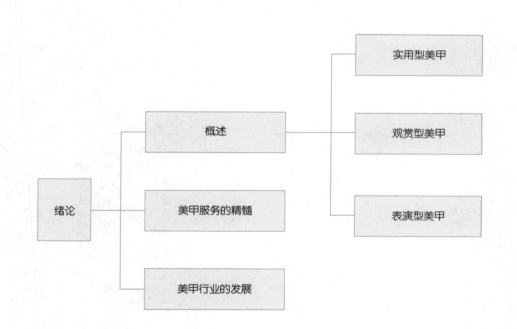

美甲是美化指（趾）甲的简称。美甲艺术是在美化双手（双脚）的同时，养护双手（双脚），并将色彩与文化注入指甲的方寸之中，用以表达人们的思想情趣和生活理念。

一、概述

美甲与美手文化起源于人类的祭祀文明。远古时期的人们，将象征和平、幸福的色彩与图腾画在指甲、手臂之上，祈求上苍为人类带来平安吉祥。随着历史的变迁，逐渐形成了独特的美手文化。时至今日，美甲设计中也有反映此类题材的作品。

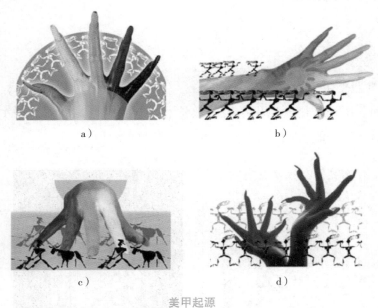

a)   b)

c)   d)

美甲起源
a) 开天　b) 逐日　c) 耕耘　d) 希望

从五千年的中华史册到古埃及的灿烂文明，从罗马帝国的兴衰到美洲大陆的崛起，美甲艺术在不同时期的文化中积累沉淀，形成了如今实用型美甲、观赏型美甲、表演型美甲的系统性分类。

1. 实用型美甲

实用型美甲为实际生活中可以应用的美甲，即日常生活美甲和特殊场合美甲。例如，生活中的日常美甲不仅活力四射、情趣盎然，更是健康亮丽、赏心悦目；结婚盛典上新娘的纤纤玉指则高雅圣洁、美观大方。

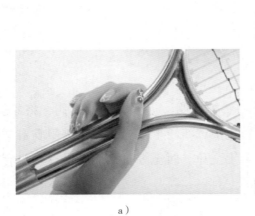

a）   b）

实用型美甲

a）活力四射　b）玉指新娘

2. 观赏型美甲

观赏型美甲通常用于美甲学校的教学示范、美甲产品的效果展示和美甲店的服务介绍。精美的艺术甲片美轮美奂，具有收藏价值。

a）   b）

观赏型美甲

a）凝胶彩绘"秀色家园" b）颜料彩绘"荷塘心曲"

3. 表演型美甲

表演型美甲适用于舞台展示，通过对手模模特的主题造型创意，以整体形象为视觉表达，并以指甲造型来叙述文化内涵，运用舞台效果，展示手的灵动表演。以美甲大赛作品——沉重的翅膀为例，当人们在享受科技文明的同时，人类的创造给自然界的动物带来了毁灭性的打击。指尖的设计从独特的视角刻画了鸟类的生存状态，主题立意是唤醒人类保护环境的意识。

a）   b）   c）

d）   e）

表演型美甲
a）玉指莲花谦和绽放　b）左手细节　c）右手细节　d）沉重的翅膀　e）细节

　　随着人类社会精神文明的发展和物质文明的丰富，美甲艺术在当代时尚生活中奇葩绽放，成为现代服务业中魅力独特的新兴领域。青年创业、女性就业，美甲艺术夺人眼球，风生水起。美甲艺术的市场前景广阔，形成了具有商业潜力的产业链。

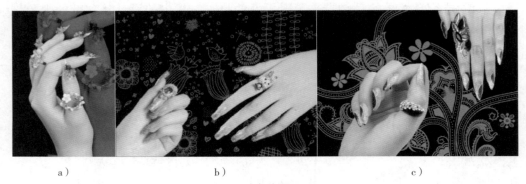

　　a）　　　　　　　　　　b）　　　　　　　　　　c）

时尚美甲
a）绽放　b）粉色当家　c）神秘之旅

　　自从 1995 年李安女士将美国的专业美甲引进中国，经过了多年的市场检验，人力资源和社会保障部于 2003 年制定颁发了美甲师国家职业标准。美甲从业人员由最初的 5 人创业小组发展到 150 多万人的创业大军。美甲店如雨后春笋，开遍了大、中、小城市的商业区和居民区。人们开始重新认识双手，用心改善双手，注重美化双手，提升认识双手的品位。人们希望改变"一张笑脸一十八，伸出双手四十八"的尴尬。

　　手，不仅仅是人类创造世界的工具，更是人的第二张脸，而指甲是人体健康的"晴雨表"。健康的身体直接表现为指甲的光滑、亮泽，呈现出粉红色。健康美甲、时尚美甲，现已成为都市现代服务独具特色的组成部分。

　　行业兴旺的表现折射出巨大的市场空间；社会的进步与开放、生活的品质与品位，促进了现代服务业的提高与发展。而我国人们的审美观念已经发生了巨大的变化，人们逐渐跳出了平淡、中庸的审美格局，接受了个性化极强的美甲观念。

　　追求美丽是人生永恒的主题。对美的认识与理解通常分为内在美与外在美。美甲是一种"外在美"的感觉，美甲师以科学的态度，将健康的美甲带给顾客；美甲是一种"内在美"的感动，美甲师以时尚的表达，将艺术的美甲呈现在顾客的指尖。

个性化美甲
a）百变　b）纯真　c）性感

美甲是一种视觉平衡的和谐，美甲师不仅为美甲服务注入时尚的元素，更为时尚增添了文化的内涵。美丽的极致是品位，品位的亮点在细节。美甲正是品位与细节的尖端之美。

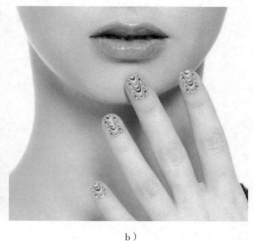

a）   b）

品位与细节
a）魅力　b）美甲细节

二、美甲服务的精髓

人与人之间的交往，在安全的距离内，才会令人感到安全舒适。安全的交往距离通常在一臂之外。然而，基于顾客对美甲师的绝对信任，美甲服务是可以超越"安全距离"与顾客亲密接触的服务。美甲服务是以顾客为中心，以顾客满意为导向的工作。一名优秀的美甲师，通常可以扮演善于聆听、善于观察的"心理医生"。在服务顾客的同时，创造出心灵抚慰、压力疏解的效果。

三、美甲行业的发展

美甲之所以独立成行成市，正是基于一个完整的生态体系，无论是从科学技术的基础到文化艺术的内涵，还是从服务内容的多样性到市场重复消费的需求，全球范围内各个国家的美甲行业均独立存在。例如，美国的美甲师必须经过专业学校培训，并完成规定时间的实操训练，方可考取政府颁发的执业证照。就像驾照一样，美甲师必须持证上岗。

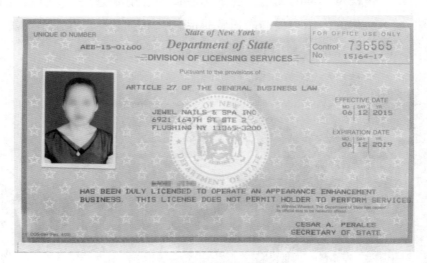

美国美甲师执照

随着互联网时代的到来，传统的美甲服务市场迅速扩展。一个从"服务创造价值"起步，到"品牌创造价值"提升的行业，跨入了用"系统创造价值"的时代。消费者的生活方式、购买行为在移动互联网发展的趋势中，表现出不同凡响的精彩与活力。

在移动互联网上的美甲服务平台中，以"秀美甲""河狸家""美甲大咖"为代表的互联网掌上平台，将美甲行业推向了时尚前沿。美甲店作为互联网服务的核心用户，可以通过互联网引流顾客，可以坐在店里学习全球美甲新技术。更确切地说，美甲服务平台是一个集"职业培训、产品选购、市场拓展、服务顾客"的互联网—揽子服务的系统工程"助力器"。"美甲店＋互联网"将实现"顾客体验＋新的商业逻辑"的融合。

通过美甲师职业教育、美甲师职业能力水平考试、美甲店服务标准化、美甲产品及工具的品质规定和美甲互联网平台等，我国美甲行业在不断完善中融入美业大市场，开创了千万人员的就业岗位。在世界技能大赛中将美甲项目置身其中，也说明了各国对美甲师的认可和肯定。

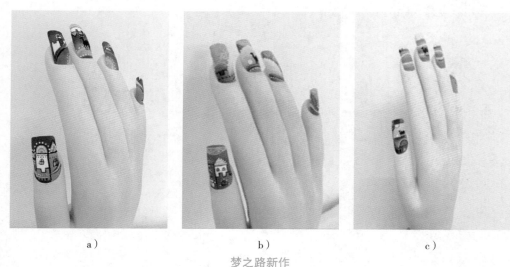

a）　　　　　　　　　　b）　　　　　　　　　　c）

梦之路新作

a）作者：冯前荣　b）作者：梁瑛瑛　c）作者：王琦

职业模块 **1**

美甲文化概论

内容结构图

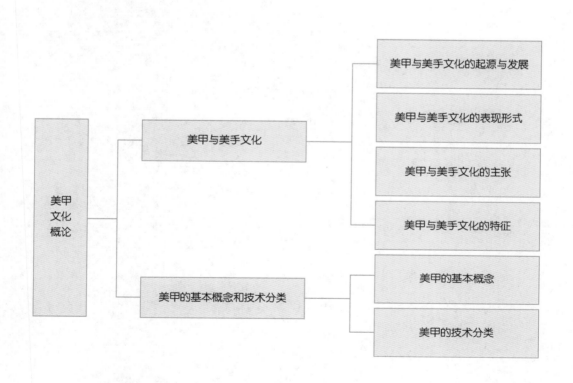

美甲文化概论

- 美甲与美手文化
  - 美甲与美手文化的起源与发展
  - 美甲与美手文化的表现形式
  - 美甲与美手文化的主张
  - 美甲与美手文化的特征
- 美甲的基本概念和技术分类
  - 美甲的基本概念
  - 美甲的技术分类

培训项目 1

美甲与美手文化

一、美甲与美手文化的起源与发展

美甲与美手文化起源于人类文明的发展时期，最早出现在人们的宗教、祭祀活动中，人们将手指、手臂画上各种图案，以求神灵赐福，驱除邪恶。它在中华民族五千年历史文化中源远流长。至今，从许多方面我们都能发现它闪烁的历史光芒。提起美甲，自然想到手，手是人类在整个文明过程中的具体"实践者"，是人体的重要组成部分，它在人类文明的进程中发挥了巨大的、不可或缺的作用。

随着文明的发展，手不仅仅是劳动的"工具"，是人的一个器官，还被"发现"并被提升了固有的美，女性的手尤其如此。

中国古代妇女以自己的手纤柔洁白为美，这意味着手的主人生活条件比较优越，而优越生活是谁都向往的。古代人们对手的审美在很多文学作品中都得到了体现。例如：

"手如柔荑 ①，肤如凝脂……"

——《诗经·卫风·硕人》

"红酥手，黄滕酒。满城春色宫墙柳。"

——《钗头凤》

---

① 柔荑：柔软的茅草嫩芽。

宋代有位词人叫吴文英，他有一位早亡的红颜知己。这位女子有一双非常美丽的手，这双手给吴文英留下了深刻的印象，在他所写的怀念友人的词中经常提到那双美手。例如：

"一握柔葱①，香染榴巾汗。"

——《点绛唇》

为了使自己的双手美丽，中国古代妇女很早就开始修饰自己的双手，比较常见的做法是蓄甲和染甲。美甲包含在美手的内涵中，同美手一样重要，更具特色的美甲文化显示出它与手之间不可或缺又相辅相成的辩证关系，其中，美手为美甲奠定了基础、提供了前提，美甲在美手的基础上突显出手的独特、靓丽、修长、柔媚。它们在古代被融合为一体，形成独特的美甲与美手文化。

《红楼梦》里写到，病重的晴雯将自己的长指甲咬断送给宝玉，这恐怕是有关蓄甲最生动也最凄婉的描写了。另外，古代妇女还常用指甲套。指甲套大多用金属制成，样式华丽，套在手指上用以保护长指甲。在很多清代妇女的画像、照片里都可以看到这种装饰品。

染甲之风由来已久，远在唐代，人们就开始用凤仙花染甲。将凤仙花加明矾混合捣碎，敷在指甲上用布条包好，第二天指甲便染成了淡淡的红色。连续染两次之后，指甲便会红润妖艳，其色数月不褪。

与此同时，从宗教中也不难发现美甲的痕迹。中国有很多人信奉佛教，佛在人们心中象征着庄严、神圣、智慧、慈悲等。其中千手观音便是十分深入人心的佛之一（见图1-1）。

图1-1 千手观音

---

① 柔葱：像嫩葱一样笔直修长的手。

千手观音有一千只手，每只手里分别握着一种不同的法器，一千只手摆出了一千种不同的姿态，代表着一千种含义。从中可见，人们在对佛的膜拜中渗透了对手的膜拜，并把这种膜拜上升到一种文化的高度。因为手是劳动的"工具"，创造了世界，改变了世界，使人们能够世世代代繁衍生息，并且不断地发展进步。正如作品开天（见图1–2）、逐日（见图1–3）、耕耘（见图1–4）、希望（见图1–5），美好的希望演绎了生生不息的美甲与美手文化。

图 1–2　开天

图 1–3　逐日

图 1–4　耕耘

图 1–5　希望

　　除了宗教文化中这种对手的膜拜，手文化还是文学历史上不可或缺的重要篇章。从古至今，在浩如烟海的文学作品中，赞颂手的诗篇不计其数。如上文已经引用的陆游《钗头凤》中的"红酥手，黄縢酒"，著名叙事长诗《孔雀东南飞》中的"口若含朱丹，指若削葱根"等，这些都是耳熟能详、朗朗上口的诗句，诗中用最美好的语言，描写了一双双美手（见图1-6）。

图1-6　朱丹映指

　　而诸如《木兰辞》中的"当窗理云鬓，对镜贴花黄"，韦庄词中的"春日游，杏花吹满头"，欧阳修词中的"清晨帘幕卷轻霜，呵手试梅妆"等词句更是数不胜数，美不胜收。这些词句中虽未直接描写手，但通过手的动作，使人不禁联想起一幅幅美丽生动的画面，手正是这些画面中引人入胜之处，美甲则是其中的画龙点睛之笔。这样的例子不胜枚举。可以说，美手文化在我国文学宝库中得到了高度重视和极大赞誉。古人对美手和美甲概念的理解是合二为一的，谈及美手，美甲自在其中，所以用单独篇幅来谈美甲的，在古代鲜见，但这并非意味着古人不重视美甲。

二、美甲与美手文化的表现形式

　　任何文化都有不同的表现形式，美手文化也有若干种表现形式。
　　首先，文学是美甲重要的表现形式。以文学为载体的表现形式对美手极尽歌咏赞叹，以文字之美来展示手的美丽和勤劳，是美手文化中最具文学性和珍藏价值的。

其次，舞蹈也是非常重要的表现形式。舞蹈是肢体艺术，作为最灵活的肢体，手在其中有极大的表现空间。在舞蹈中，手做出了种种生动灵活的优美动作，用以表达各种意义，这种表现形式非常直观，往往具有震撼的力量（见图 1-7）。

图 1-7　光的折射

最后，戏曲和魔术也是美手文化的不同表现形式。不同于舞蹈，戏曲和魔术中手的表现是起辅助作用的，但它同样具有非常重要的意义，没有了生动的手势，这两者都将变得枯燥无味。以京剧为例，在《白蛇传》中的《断桥》一折中，白素贞和小青的手势就截然不同，白素贞的手势体现着她心中的哀怨与柔情，而小青的手势则体现了她的气愤与不平。

通过这种种不同的表现形式，美手文化被继承并发扬至今。

三、美甲与美手文化的主张

美甲与美手文化首要的原则就是健康。它崇尚自然，提倡以人为本，强调"健康的才是最美的，摒弃一切病态的、扭曲的、不健康的形态"。

要健康，就必须以科学为基础，充分遵从人体健康的科学逻辑，这样才能使美手焕发健康自然的光彩。所以说，美甲文化是一项拥有高科技含量的现代文化。

美甲文化追求唯美。每双手，手形不同，手指粗细长短不一，指甲的形状、大小、特点各异，从而构成了个体的独特韵律。每个人的手在一举一动之间的不同形态，带有强烈的个性特色，这是美甲文化彰显唯美的基本内涵。

美手文化还有它最具特色的一项主张——亲密感。手是人与人之间接触的最直接的桥梁，通过手的抚触，可以缩短人与人之间的距离，以此传情达意，帮助人们更好地进行沟通。在一双光洁柔媚的纤纤玉手上同时拥有精心美化的指甲，这时沟通就会变得更加温馨、亲密。

四、美甲与美手文化的特征

手是可以通过美甲、彩绘等方式来进行后天塑造的。经过塑造，手的表现形式非常丰富，既可以是传统的、古典的、柔美的，也可以是现代的、骨感的、夸张的（见图1-8）。

图1-8　魅力与张力

指甲的造型可以千奇百怪，颜色可以五彩缤纷，给人充分的想象和创意空间，并给人以强烈的视觉冲击力。

美手的文化特征符合21世纪美甲行业的服务特点，现在的顾客追求的是张扬个性，要求的也是与众不同，美手文化所独具的特性，完全符合展示自我、追求极端个人风格的要求，这些便给了美甲师一个广阔的发展空间，使他们能够在一个坚实的舞台上，尽情地展现出他们的职业风采。

培训项目 ② 美甲的基本概念和技术分类

一、美甲的基本概念

美甲是一种对指（趾）甲进行修饰美化的工作，又称甲艺设计。

美甲是根据顾客的手形、甲形、肤质、服饰色彩和要求，对指（趾）甲进行消毒、清洁、护理、保养、修饰美化的过程，具有表现形式多样化的特点。

美甲师的工作性质决定了对其综合素质的要求较高。成为一名真正合格的美甲师需要一段时间的学习、实践和经验的积累。

二、美甲的技术分类

美甲技术可分为以下三种类型。

1. 实用型美甲技术

在生活中，实用型美甲技术主要体现在它的实用性，它不仅可以起到丰满、坚固、加长、美化自然指甲的作用，还可以用于残甲修复、断甲再接、畸形甲矫正、灰指甲修复等。此类美甲技术和人们的生活比较贴近。图 1–9 至图 1–12 所示为实用型美甲举例。

2. 观赏型美甲技术

观赏型美甲技术表现为色彩斑斓，甲面、甲体、前缘装饰的肌理变化以及长度的变化。它可以令人耳目一新，创意无限。通常用于美甲学校的教学示范、

图 1-9　畅游

图 1-10　玫瑰的浪漫

图 1-11　温馨

图 1-12　色彩的启迪

美甲比赛、美甲产品的效果展示以及美甲店的服务介绍。观赏型美甲承载了美甲师对美甲艺术的精巧构思，每一个主题创作展示了对美好生活的向往和时代潮流，精美的艺术甲片美轮美奂，具有一定的收藏价值。观赏型美甲如图 1-13 至图 1-18 所示。

图 1-13　海的灵性

图 1-14　饮料世界

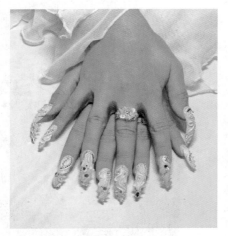

图 1-15 韵律

图 1-16 中国国粹——京剧脸谱

图 1-17 冰河时代

图 1-18 恋爱的季节

3. 表演型美甲技术

表演型美甲技术是综合性的技法集成。它是以文化主题为基础、以整体造型为创意、以舞台表演为目的的艺术形式，通过运用多种技法，如浮雕、内雕、立雕、手绘、喷绘、镂空、镶嵌等，通过展现手的灵动表演，充分地表现不同的民族文化和精神意境。制作表演型美甲提倡材料创新，使用各种轻型材料，可以保证表演者十指灵动，在舞台上充分利用肢体语言完成艺术展示。表演型美甲如图 1-19 至图 1-24 所示。

图 1-19　国粹

图 1-20　中华之门

图 1-21　天使

图 1-22　梦幻俄罗斯

图 1-23　海洋的呼唤 1

图 1-24　海洋的呼唤 2

职业模块 ❷
美甲师职业道德和职业守则

内容结构图

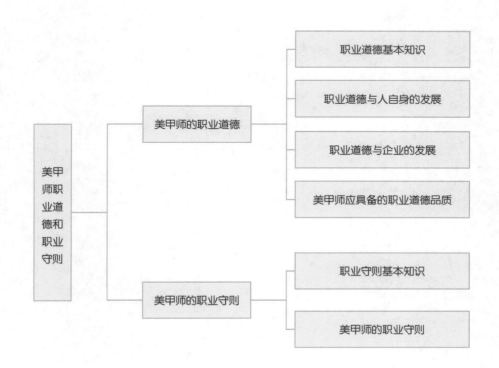

美甲师职业道德和职业守则
- 美甲师的职业道德
  - 职业道德基本知识
  - 职业道德与人自身的发展
  - 职业道德与企业的发展
  - 美甲师应具备的职业道德品质
- 美甲师的职业守则
  - 职业守则基本知识
  - 美甲师的职业守则

培训项目 ① 美甲师的职业道德

一、职业道德基本知识

职业道德是同人们的职业活动紧密联系的、符合职业特点所要求的道德准则、道德情操与道德品质的总和。它也是从事一定职业劳动的人们，在特定的工作和劳动中以其内心信念和特殊社会手段来维系的，以善恶进行评价的心理意识、行为原则和行为规范的总和。职业道德是人们在从事职业的过程中形成的一种内在的、非强制性的约束机制。每个从业人员，不论是从事哪种职业，在职业活动中都要遵守职业道德。例如，教师遵守教书育人、为人师表的职业道德，医生遵守救死扶伤的职业道德等。职业道德不仅是从业人员在职业活动中的行为标准和要求，而且是本行业对社会所承担的道德责任和义务，是正确处理职业内部、职业之间以及人与人之间关系的行为规范。

各行各业都要大力加强职业道德建设。只有通过职业道德建设，才能培养每个从业人员正确的劳动态度和敬业精神，增强每个从业人员的事业心和责任感，使广大从业人员热爱本职工作，树立崇高的职业理想。干一行、爱一行、专一行，对本职工作精益求精，确立道德信念，自觉养成良好的职业道德习惯，在市场经济建设中锻炼道德意志，陶冶道德情操。职业道德具有职业范围上的职业性和成熟性，是在职业实践的基础上产生和发展的，它依赖于职业活动。职业活动是一个比较稳定而连续发展的过程，内容上具有稳定性和连续性，形式上具有多样性和实用性的特征。

二、职业道德与人自身的发展

首先，职业道德是鲜明地表达职业义务、职业责任以及职业行为的道德准则。美甲师的职业行为，首先是要对顾客的身体健康负责，它不是一般地反映社会道德的要求，而是要反映职业、行业甚至产业特殊利益的要求。美甲师与顾客近距离接触，所以两者之间的关系是在特定的职业实践的基础上形成的特殊关系。顾客很容易与美甲师建立友谊，因而美甲职业需要特有的道德传统和道德习惯，从事美甲师这一职业的人们也需要特有的道德心理和道德品质，在赢得顾客信任的基础上从事商业活动。其次，在表现形式方面，职业道德往往比较具体、灵活、多样。它总是从本职业的交流活动的实际出发，采用制度、守则、公约、承诺、誓言、条例，以及标语口号之类的形式，这些灵活的形式既易于为从业人员所接受和实行，又易于形成一种职业的道德习惯。

1. 人总是要在一定的职业中工作生活

（1）职业是人谋生的手段

从事一定的职业，具有独立的经济地位，是许多人的需求。美甲师需要用自己的劳动换取同等价值的经济回报，因而获取报酬是工作的结果。

（2）职业活动是人的全面发展的最重要条件

在美甲师的工作岗位上，通过与顾客的交流可以开阔眼界，增长社会经验，积累知识。

2. 职业道德是事业成功的保证

（1）没有职业道德的人无法取得顾客的信任

职业道德可以形成人生的信念，可以使人积极向上。作为美甲师，不能只为获利，应坚决抵制偷工减料、以次充好、敷衍顾客的行为。良好的职业道德可以赢得顾客的信任，而顾客的信任是美甲师的生存立足之本。

（2）职业道德是美甲师事业成功的重要条件

诚实守信，技艺精湛，从业时间越长，积累的老顾客越多，美甲师所获得的利益回报就越大。诚信的职业道德观是美甲师事业成功的保证。

3. 职业道德是人格的一面镜子

（1）人的职业道德品质反映着人的整体道德素质，拾金不昧、不贪小便宜是受人尊敬的道德品质。

（2）提高职业道德水平是人格升华最重要的途径，慷慨无私、乐于助人、任劳任怨永远是受人欢迎的品德。

三、职业道德与企业的发展

职业道德是整个社会道德的主要内容。一方面，职业道德体现每个从业者如何对待职业、如何对待工作，同时也是一个从业人员的生活态度、价值观念的表现，是一个人的道德意识、道德行为发展的成熟阶段，具有较强的稳定性和连续性。另一方面，职业道德也是一个职业集体，甚至一个行业全体人员的行为表现，如果每个行业、每个职业集体都具备优良的道德，对整个社会道德水平的提高肯定会发挥重要作用。

1. 职业道德是企业文化的重要组成部分

企业的发展有赖于高的经济效益，而高的经济效益源于高的员工素质。员工素质主要包含知识、能力、责任心三个方面，其中责任心是最重要的。极强的责任心来源于从业人员的职业水准，而职业水准的设定来源于企业的文化。因此，职业道德能促进企业的发展。

2. 职业道德是增强企业凝聚力的手段

企业是具有社会性的经济组织，在企业内部存在着各种复杂的关系。这些关系既有相互协调的一面，也有矛盾冲突的一面，如果解决不好，将会影响企业的凝聚力。这就要求企业所有员工都应从大局出发，光明磊落、相互宽容、相互信赖、同舟共济，而不能意气用事、互相拆台。因此，企业要发展就必须要求员工具有较高的职业道德觉悟。

3. 职业道德可以提高企业的竞争力

（1）职业道德有利于企业提高产品和服务的质量

职业道德的基本职能是调节人与人之间的行为关系。一方面，它可以调节从业人员内部的关系，即运用职业道德规范约束从业人员的行为，促进职业内部人员的团结与合作。如职业道德规范要求各行各业的从业人员都要团结、互助、爱岗、敬业、齐心协力地为发展本行业和本职业服务。另一方面，职业道德又可以调节从业人员和服务对象之间的关系。例如，职业道德规定了制造产品的工人要怎样对用户负责，营销人员怎样对顾客负责，医生怎样对病人负责，教师怎样对学生负责等。这就有助于维护和提高本企业的信誉和服务质量。

一个行业、一个企业的信誉，也就是它们的形象、信用和声誉，是指企业及其产品与服务在社会公众中的可信任程度，提高企业的信誉主要靠产品的质量和服务质量，而从业人员具备较高的职业道德水平是较高的产品质量和服务质量的有效保证。若从业人员职业道德水平不高，很难生产出优质的产品和提供优质的服务。

（2）职业道德可以提高劳动生产率和经济效益

纪律是一种行为规范，但它是介于法律和道德之间的一种特殊的行为规范。它既要求人们能自觉遵守，又带有一定的强制性。就前者而言，它具有道德色彩；就后者而言，又带有一定的法律色彩。就是说，一方面，遵守纪律是一种美德；另一方面，遵守纪律又带有强制性，具有法令的要求。例如，美甲师必须执行操作规程和安全规定，军人要有严明的纪律等。因此，职业道德有时又以一定的制度、章程、条例的形式表达，让从业人员认识到职业道德又具有纪律的规范性，从而提高劳动生产率和经济效益。

（3）职业道德可以促进企业技术进步

美甲师职业具有传递美丽、引领时尚的内涵，勤学苦练、精益求精、思考创新是保持美甲师技术领先的保证。作为时尚前沿的美甲师，需要与时俱进，树立不断进取的职业道德观，对促进技术进步、提供个性化服务、提高服务水平能够起到关键的作用。

（4）职业道德有利于企业树立良好形象、创造企业著名品牌

任何一个成功的美甲学校、美甲店、美甲产品经销商都会通过代表本企业文化的职业道德观来表现企业的核心价值理念。"以人为本，诚信经营"已经成为许多行业提倡的职业道德。由此形成企业的凝聚力，同时创造良好的企业形象。

四、美甲师应具备的职业道德品质

培养良好的职业道德，需要了解哪些是正确的行为、哪些是错误的行为。

同时需要掌握正确处理与老板、顾客、同事之间日常关系的原则。服务水平的高低、服务质量的好坏，直接关系到企业的生存与发展。服务有两层含义：一是为顾客服务，二是企业内部各环节之间的服务。做好服务，要求每名员工树立正确的职业观，树立正确的职业观就是要求每名员工要具备良好的职业道德品质，它包括以下 8 项职业道德方面的基本规范。

1. 文明礼貌

（1）仪表端庄

美甲师的仪表应当端庄大方、温文尔雅、不卑不亢、落落大方、不矫揉造作、不轻浮放肆。

（2）语言规范

美甲师无论与顾客多么熟悉，都要以规范的服务语言接待顾客。不要用俗语、俚语开顾客的玩笑。

（3）举止得体

美甲师在服务场所要养成坐姿端正、站立有形的习惯，不要无精打采。在接待顾客的过程中，要注意自己的肢体语言，要保持谦虚、诚恳的态度，不要双手叉腰，不要双臂交叉抱在胸前，这两种肢体行为会使顾客望而生畏。

（4）待人热情

美甲师不仅要热情接待自己的老顾客，而且要对所有的顾客给予热情的问候。当遇到其他美甲师的顾客时，同样要以热忱的态度对待他。

2. 爱岗敬业

爱岗就是热爱自己的工作岗位，热爱本职工作。爱岗是对人们工作态度的一种普遍要求。热爱本职工作，就要求美甲师以正确的态度对待自己的职业，努力培养热爱自己所从事工作的自豪感、荣誉感。每个岗位都承担着一定的社会职能，都是从业人员在社会分工中所获得并扮演的一个公共角色。在现阶段，就业不仅意味着以此获得了生活来源，掌握了一种谋生手段，而且还意味着有了一个社会承认的正式身份，能够履行社会的责任。

敬业就是用一种严肃、认真、热情的态度对待自己的工作，勤勤恳恳、兢兢业业、忠于职守、尽职尽责。目前，敬业包含两层含义：一是谋生敬业。许多人是抱着强烈的挣钱养家或发财致富的目的对待职业的，这无可指责，但这些劳动者敬业的感情因素较少，利益色彩较多，目的较为简单。二是认识到自己工作的意义而敬业。这是高一层次的敬业，这些劳动者内在的精神、感情有所寄托，敬业成为鼓舞他们勤勤恳恳、认真负责工作的强大动力。

爱岗敬业就是把自己的岗位同自己的理想、追求、幸福联系在一起，把企业的兴衰与个人的荣辱联系在一起，自觉维护企业的利益、形象和信誉。随着社会主义市场经济体制的建立，企业将面临市场的挑战。在这种形势下，是从个人利益出发，一切向"钱"看，还是为了维护企业的利益，团结一致共渡难关，对每个员工来说，都是一次严峻的考验。要想服务群众、奉献社会，仅有服务于企业的认识和热情是不够的，还必须具备一定的本领。如今，人类已进入了信息时代，生产力发展突飞猛进，科学技术日新月异，员工的技能仅仅停留在初级水平，已远远不能适应形势的发展要求。要通过技能培训、岗位练兵、交流研讨等多种形式，不断提高自身的文化素质和业务技术水平，只有熟练地掌握职业技能，才能胜任自己的工作和满足岗位需要，更好地为企业服务。

爱岗敬业的基本要求包括：树立职业理想，强化职业责任，提高职业技能，热爱本职工作。这些要求是事业成功的基本条件。具体到美甲师，就是要以敬畏之心谋划经营，以仁爱之心提供服务。如果人们能以这样的观念对待自己的职业，就会积极热忱地工作，同时会从中享受到乐趣。真正幸福的人就是能自动培养工作兴趣，而在创造物质财富的同时，也能愉快地享受工作快乐的人。热爱一个事业，能充实、美丽、升华人生。当然，美甲师要想真正做到爱岗敬业，就必须精通美甲师应掌握的每一个技术环节，同时具有高超的专业美甲技术水平，以及良好的职业素质，这样才能在科学的意义上实现爱岗敬业。

3. 诚实守信

（1）诚实守信的含义

诚实守信就是忠诚老实、信守诺言，是为人处世的一种美德。所谓诚实，就是忠诚老实、不讲假话。诚实的人能忠实于事物的本来面目，不歪曲、不篡改事实，同时也不隐瞒自己的真实思想，光明磊落，言语真切，处世实在。所谓守信，就是信守诺言、说话算数、讲信誉、重信用，履行自己应承担的义务。诚实守信是真、善、美的统一，只有不断提高自我修养，才能达到这一美好境界。

（2）诚实守信不仅是做人的准则，也是做事的原则

诚实是对自身的一种约束和要求，讲信誉、守信用是他人对我们的一种希

望和要求。从业人员既代表个人，又代表企业。如果一名从业人员不能诚实守信，说话不算数，那么他所代表的经济实体就得不到人们的信任，无法与社会进行经济交往，或是对社会没有号召力。因此，诚实守信不仅是一般的社会公德，而且也是任何一个从业人员应遵守的职业道德。

（3）诚实守信是每一个行业树立形象的根本

诚实守信作为职业道德，其基本作用是树立良好的信誉，树立起值得他人信赖的企业形象。所谓信誉，是由信用和名誉合成的。信用是指在服务中诚实可信，名誉是指在职业生涯中重视名声和荣誉。职业信誉是职业信用和名誉的有机统一。它体现了社会承认一个行业在以往职业活动中的价值，从而影响到该行业在未来活动中的地位和作用。例如，北京同仁堂药店建店 300 多年，始终坚持重质量、重服务、重信誉，这使得它的效益长久不衰。因此，美甲师应为树立行业形象注重自身的行为。

（4）怎样才能做到诚实守信

应重质量、重服务、重信誉。产品质量和服务质量直接关系到企业的信誉，是企业的生命。坚决杜绝伪劣商品是保证产品质量的第一道防线，坚持高质量的服务品质，必须坚决抵制由于恶性降价造成缩短服务时间、违反操作规程的现象。不要贪图暂时利益而失去企业的信誉。因此，要做到诚实守信，必须做到重质量、重服务、重信誉。同时，以质量为中心，规范服务，合法经营，才能维护消费者利益，才能做到诚实守信。

4. 健康上岗

在美甲师的工作责任中，很重要的一条就是维护顾客的身体健康。如果美甲师自己患有感冒，应立即离岗医治，不能带病工作，以免传染给顾客。每年定时体检，保证自己健康上岗。美甲师不仅要具备健康的身体，同时还要拥有健康的心理。健康的身体和心理是美甲师取得成功的基础条件。

5. 尊师重教

尊师重教是中华民族的传统美德。在美甲行业，尊师重教尤为重要。由于美甲技术的实用性、操作性很强，在教学上基本沿用了中国传统手工业中一对一的"师傅带徒弟"的传授方式，许多技能都要手把手地示范讲解，逐个演示，才能让学员掌握专业知识和基本技能。

古人云："善之本在教，教之本在师。"作为一名合格的美甲师，首先要尊重老师、虚心学习，不可自高自大、自以为是。理论课要认真听讲、做好笔记；实操课要认真观察、规范操作，严谨细心地实施每一个步骤，这样才能掌握要领，逐步达到美甲职业技能标准。聪明在于勤奋，天才在于积累，美甲师必须具备勤学苦练、持之以恒的学习精神，才能把老师传授的美甲知识和技能学精学好。

美甲事业是一种前途广阔、魅力无穷的新兴行业，亟待培养出高素质、高技能的专业人才以满足市场的需要。青出于蓝而胜于蓝，今天的学生，明天可能会成为一名优秀的美甲师或美甲教师。但是无论一个人取得多么值得骄傲的成就，都应该饮水思源，应该记住是老师为自己播下了最初的种子。俗话说：珍惜才能拥有，感恩才能长久。学会感激，才能得到老师的更多帮助。

6. 团结互助

团结互助可以营造人际和谐的氛围，增强企业的凝聚力，促进事业发展。其基本要求是：平等尊重、顾全大局、互相学习、加强协作。美甲师不能指责或贬低他人的工作，同事之间必须互相支持、互相照顾、互相配合。提倡虚心向经验丰富的美甲师学习，以及美甲师之间相互学习的风气。营造友爱和谐、互帮互助的工作环境。

7. 自尊自强

自尊的内涵是尊重自己的国家、尊重自己的民族文化和传统、尊重自己的组织和同事。自尊自强是人格的核心，要有自尊，必须要自立自强；要实现自强，必须要有坚强的意志和掌控自己行为的能力。对于一个国家、一个民族、一个团队、一个个体，没有自尊自强，将会失去一切。而这里，自尊是前提，自强是必需，两者相辅相成，缺一不可。

8. 乐观向上

所谓乐观就是要能够调整自己的思想和心境。乐观向上的正面情绪可以使人身体健康、心情舒畅。乐观的人在逆境中不悲观、不绝望、信心坚定、斗志旺盛。他们充满活力，以豁达的态度生活，因此他们总是具有感染力、号召力。几乎所有的人都喜欢与乐观的人交朋友。乐观向上的人将拥有朋友、吸引顾客，梦想容易实现。

培训项目 2

美甲师的职业守则

一、职业守则基本知识

职业守则是每一名美甲师职业生涯中的行为准则，制定美甲师的职业守则就是以职业规定、职业制度、职业承诺的形式，约束美甲师的行为，为顾客建立保障。

二、美甲师的职业守则

1. 尊重顾客，服务热情

第一，待人诚恳，热情周到，微笑服务。待人诚恳，是人与人之间的相处之道。接触顾客双手（双脚）时必须轻柔，这是提供美甲服务过程中体现周到服务的重要环节。

第二，不将任何负面的情绪和信息带入工作场所。坦然面对现代社会生活中的压力，不消极、不悲观，以良好的心态出现在工作场所，在与顾客交流的过程中尽量化解负面因素，不要向顾客诉苦，不要受负面情绪的影响。经常提醒自己，没有人喜欢消极的情绪和生活态度。

第三，每天开业要准时，与顾客的预约不能迟到。遵守时间是体现诚信的基础，是为人处世之本。不要以任何理由让自己放弃遵守时间的信念。如果连遵守时间都做不到，顾客将不会相信美甲师其他的诚信服务宣言。

第四，为顾客保守秘密，不在顾客面前谈论他人隐私。在美甲服务过程中，顾客之所以能向美甲师畅所欲言，源于对美甲师的信任。为顾客保守秘密、不传闲话，是良好的行为习惯，是对他人的尊重，也是获得他人信任的处世之道。

第五，对待顾客一视同仁。要做到贫富不嫌，童叟无欺，同等对待健康人和残疾人。不要由于美甲服务的项目不同及收费差异而挑选顾客，这会让顾客觉得美甲师嫌贫爱富，其后果将会导致美甲店失去顾客。不要嫌弃残疾人顾客，要耐心地对待行动、语言有障碍的顾客。

2. 精心操作，保证质量

（1）严格按照规范的服务流程进行操作

服务流程的规范是服务品质的保证，不要因为图省事减少服务程序而影响服务质量。

（2）严格执行消毒规定

"三次"消毒法则是美甲师必须遵守的职业规定，是维护人体健康的基本措施，是让顾客感到放心的具体环节，是区别专业态度与非专业态度的标准之一。

（3）严格管理产品质量

美甲师在工作中要保证产品原料的清洁，甲粉、甲液、凝胶使用完毕后应立即将容器盖好，避免产品受到污染。对易挥发的甲油应定时查看，保证在为顾客服务时产品功效正常。不要使用已经受到污染或变质的原料。

（4）安全操作，谨防事故

美甲师在开始工作时要将所使用的材料、工具和设备放在规定的容器内和妥当的位置，避免顾客不小心碰到。严格遵守产品和设备的使用规定，不要违规操作。

（5）及时更换已经损耗的工具

及时更换用旧了的打磨、抛光工具，以免用力过度产生过热现象而导致甲床灼伤。尤其要注意有很多工具是一次性的，用完后应立即丢弃处理，不可继续使用。

3. 遵纪守法，爱护设备

（1）不在工作台上吃饭，不在工作场所吸烟

饭菜异味和烟味会使空气污浊，不适合优雅的美甲服务，会使顾客产生厌

烦情绪。因此，不在工作台上吃饭、不在工作场所吸烟是维护空气清新的最有效的方法。

（2）遵守美甲沙龙或美甲场所的规章制度

不同的工作场所会有不同的制度，美甲师必须适应不同的工作环境，准确理解经营场所的规定并严格执行，养成良好的职业习惯。

（3）不将宠物带入工作场所

带宠物进入工作场所会分散美甲师工作的注意力，并造成安全和卫生隐患。

（4）定时维修保养工具、设备

每月定期保养工具、设备，着重检测带电设备和消毒设备，及时消除安全和卫生隐患。

（5）遵守国家的法律法规

遵纪守法是每个公民的义务，是美甲店有序经营的基本保障，不销售假冒伪劣的产品，树立合法经营的理念，做遵纪守法的公民。

职业模块 ❸
美甲师行为规范

内容结构图

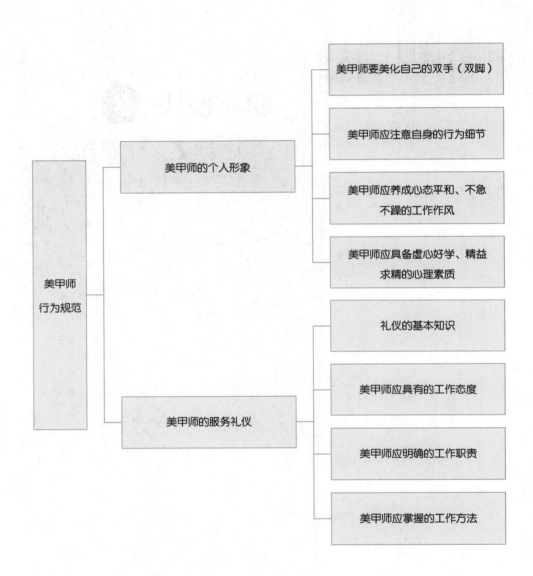

- 美甲师行为规范
  - 美甲师的个人形象
    - 美甲师要美化自己的双手（双脚）
    - 美甲师应注意自身的行为细节
    - 美甲师应养成心态平和、不急不躁的工作作风
    - 美甲师应具备虚心好学、精益求精的心理素质
  - 美甲师的服务礼仪
    - 礼仪的基本知识
    - 美甲师应具有的工作态度
    - 美甲师应明确的工作职责
    - 美甲师应掌握的工作方法

培训项目 1

美甲师的个人形象

一、美甲师要美化自己的双手（双脚）

美甲师首先要美化自己的双手（双脚），并且穿着要健康时尚，化妆要得体大方，这是美甲师的职业形象，也是吸引顾客最好的广告。

二、美甲师应注意自身的行为细节

美甲师不能在顾客面前抠鼻挖耳、抓头皮、抖腿。工作时穿着清洁的工作服，保持体味清新。工作性质决定了美甲师要与顾客近距离接触，因此美甲师需要保持口气清新。

三、美甲师应养成心态平和、不急不躁的工作作风

在工作中，美甲师将面对处于不同情绪状态的顾客，这就要求美甲师要做到宽容、理性，亲切友好地对待顾客，不评价顾客，不直接与顾客发生争执。

四、美甲师应具备虚心好学、精益求精的心理素质

不断学习新技术、掌握新知识，是提升美甲师职业竞争能力的重要方法。有形的财富是有限的，而无形的无限财富则是通过不断学习、改变而获得的。

培训项目 **2**

美甲师的服务礼仪

一、礼仪的基本知识

礼仪，不是天生的，也不是完全自发形成的，而主要是后天在人际交往中自觉修养而成的；不是一蹴而就的，而是在实践中逐渐学习、积累而成的。美甲师的礼仪与一般社交礼仪有许多相同点，但也有其独特之处。

1. 以学识为基础

礼仪规范从形式上看，只是一些举手投足、表情达意的小事，没有什么复杂高深的学问和技巧。但是，要真正有所"修炼""造就"，就必须以一定的社会人文科学的学识文化为基础。例如，对礼仪重要性的认识，对各种礼仪举止内在含义的感悟，对许多商务活动中特定的规范，以及涉外交往中的特殊礼节的掌握，就不是没有知识修养的人所能做到的。没有一定的学识修养、悟性和理念作为基础，就很难把各种礼仪运用得自如、得体。

2. 以修养为长远方针

美甲师的礼仪修养可以为组织带来物质利益和经济利益，虽然不会带来直接的物质利益，但是会通过潜移默化逐渐深入人心，以获得最终利益。在市场经济条件下，人与人之间、企业与企业之间、企业与其他社会组织之间各种关系的缔结与发展，常常是"转瞬之间"的事，常常因为一个微不足道的契机而发生变化。在当代商务活动中，随着交通、通信等的不断发达，人际接触的范围逐渐扩大，社会结合在不断改变。讲究礼仪，注重长远效应，应当成为各类社会组织中服务人员的共识。

3. 以公众为对象

现代社会又称信息社会，信息社会的显著标志是：每个社会组织都有很大的开放度，社会组织所面对的公众既不是单一的，也不是一成不变的。特别是在市场经济条件下，在服务活动中，无论生产领域还是流通领域，都要经常变换公众对象，与不同的公众对象打交道。这就要求美甲师要打破原有实用主义的狭隘意识，为塑造自己代表的组织的良好形象，在所有潜在的公众对象面前注重自己的仪表仪态，守礼节，讲礼貌。

4. 以美誉为目标

美甲师的礼仪主要是为组织树立良好的形象，获得公众美誉。美甲师在组织中的一言一行、一举一动都将影响组织的声誉和形象。因此，在服务活动中，美甲师必须洁身自爱，严格按照有关礼仪的基本要求去规范自己的言行举止，让公众对自己代表的组织产生良好的印象，获得信任和赞许。

5. 以灵活为原则

服务活动中的礼仪规范既是具体的、严肃的，又是可变的、灵活的。任何礼仪都不是教条，需要根据时间、地点、场合、对象的不同而灵活运用。美甲师要根据具体情况不断调整自己的角色，灵活运用各种礼仪规范。

6. 以真诚为信条

礼仪对于服务活动的目的来说，不仅是形式和手段，还应当成为美甲师情感的真情流露与表现。礼仪的核心在于从根本上体现美甲师对公众的关心、重视和尊敬，并不在于追求外在形式的完美。如果没有对公众的真诚尊重与关心，一切礼仪都将变得毫无意义。礼仪不是摆谱、做花架子，否则就会引起公众的反感，甚至可能导致整个服务活动的失败。即使一时骗取了对方的信任，这种短期行为也绝不会带来长远效应。

二、美甲师应具有的工作态度

1. 言谈落落大方，举止文明礼貌

美甲师的每一个举动、每一句话，甚至每一个眼神，都要使顾客感到亲切、温暖，并富有亲和力，从而拉近和顾客的距离，让顾客对你产生好感，进而信

任。不要在顾客面前与他人窃窃私语、交头接耳。当美甲师需要顾客配合时，要以征求对方意见的口吻提出问题，例如："对不起，您可以把座椅调整一下吗？"当美甲师接触顾客的手脚时，动作一定要轻柔。

2. 形象温文尔雅，传递良好精神风貌

美甲师温文尔雅，始终真诚微笑的美好形象和气质将传递美甲师自身及其组织的良好精神风貌和层次品位，让顾客在初次接触美甲师时，就能感受到顾客至上的服务原则。

3. 热情迎送宾客，做到善始善终

自每位顾客进店至离开的整个服务过程中，美甲师都要一丝不苟、决不含糊。美甲师要让顾客感受到宾至如归的安全感，特别是对第一次登门的顾客，更不要冷落。

三、美甲师应明确的工作职责

1. 通过沟通，了解顾客的真正需求

与顾客交谈的目的不仅是为了营造一个销售氛围，更重要的是了解顾客的真正需求。只有当美甲师能够发现顾客的需求点时，才能进行激发顾客消费欲望的工作。

2. 根据顾客需求，准确地介绍服务（产品）的内容

美甲师要准确地介绍服务（产品）的内容，不要含糊其词，否则顾客不能了解其需求是否可以得到满足，一位能准确介绍服务内容的美甲师肯定是顾客可以信赖的专家。

3. 确认顾客是否认同服务（产品）的价格

在与顾客沟通过程中，美甲师必须明确告知服务（产品）的价格，并确认顾客是否认同，避免出现价格误会，影响顾客的消费情绪。

4. 完成已经承诺的服务（产品）内容

美甲店中的每一项服务价格都有相应的产品与之配套，美甲师需要将规定的服务内容与配套的产品按照服务所承诺的条款来执行。

5. 记录顾客的服务信息，做好预约

记录顾客的服务信息，做好预约，及时提醒自己做好下次服务所必需的准备工作。完成服务工作后，美甲师应做好服务记录，发现问题时应及时总结、改进，特别是预约服务，提醒顾客下一次的服务时间，使顾客产生依赖美甲师的习惯。

6. 维护工作环境卫生，爱护公物和工具、设备

美甲店的环境卫生直接影响顾客的消费情绪，美甲师要及时清理工作台，并将服务垃圾放入带盖子的垃圾桶，特别要将金属工具放入消毒盒。

四、美甲师应掌握的工作方法

1. 树立良好的职业形象，从介绍自己开始。如"您好！欢迎光临，我叫×××，今天由我来为您服务，您这边请"，并辅以规范化的动作引导。

2. 在介绍服务（产品）的过程中，适当运用计算机、网络媒体、说明书、图片和实际案例配合讲解，让顾客在最短的时间内消除陌生感，提高顾客的消费兴趣。

3. 在沟通过程中，美甲师要分析判断顾客的消费能力，并为其设计在价格上能接受的消费服务（产品）。当顾客进店后，不要急于推销服务（产品），不要只顾提高价格而忽略顾客的消费能力。

4. 有效提问，促进销售。美甲师提问时应多用选择概念，可以根据不同需求和消费水平同时提出两个或几个消费方案供顾客挑选。

职业模块 ④

科学认识指甲

内容结构图

- 科学认识指甲
  - 指甲概述
    - 甲母
    - 甲根
    - 指皮
    - 指甲后缘
    - 甲弧
    - 甲板
    - 甲床
    - 指甲前缘
    - 指芯
    - 甲沟
    - 甲壁
  - 指甲的生理结构及作用
    - 指甲后缘
    - 甲母
    - 角质层和指皮
    - 指甲板
    - 甲弧
    - 甲床
    - 血液和神经供给
    - 骨
  - 指甲的生长状况
    - 指甲板的生长
    - 血液正常循环的作用
    - 强度和柔韧性
    - 指甲板的化学成分
    - 坚固的指甲板
    - 溶剂的作用
  - 指甲的外形及护理技巧
    - 指甲的外形
    - 指甲前缘形状的修整技巧
    - 指甲的护理技巧

培训项目　1

指甲概述

　　指甲的作用是保护手指和脚趾。指甲被认为是皮肤的延伸，同皮肤和头发一样，都是由同一种蛋白质——角蛋白组成的，不过组成指甲的角蛋白要坚硬一些。指甲的颜色呈白色半透明，光线可以透过。由于透出了指甲下甲床的毛细血管的颜色，通过对指甲的观察，可以了解人体的健康状况，健康的身体其指甲表现为光滑、亮泽，呈现出粉红色。

　　指甲主要分为三部分：甲根、甲板和指甲前缘。如果细分，指甲的具体构成如图 4-1 所示。

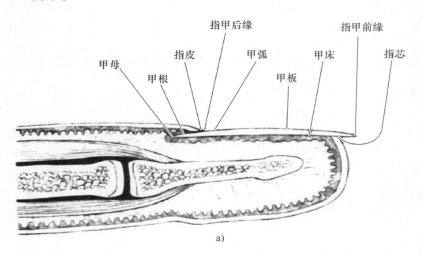

a)

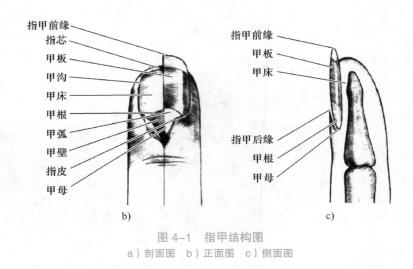

图 4-1 指甲结构图
a）剖面图 b）正面图 c）侧面图

一、甲母（matrix）

甲母位于指甲根部，其作用是产生组成指甲的角蛋白细胞。甲母含有毛细血管、淋巴管和神经，因此极为敏感。甲母是指甲生长的源泉，甲母受损就意味着指甲停止生长或畸形生长。修饰美化指甲时应极为小心，避免伤及甲母。

二、甲根（nail root）

甲根位于皮肤下面，较为薄软，其作用是以新产生的指甲细胞，推动老细胞向外生长，促进指甲的更新。

三、指皮（cuticle）

指皮是覆盖在甲根上的一层皮肤，它也覆盖着指甲后缘。

四、指甲后缘（eponychium）

指甲后缘是指甲深入皮肤的边缘地带。

五、甲弧（lunula）

甲弧位于甲根与甲床的连接处，呈白色，半月形。需要注意的是，甲板并不是坚固地附着在甲母上，只是通过甲弧与之相连。

六、甲板（nail plate）

甲板位于指皮与指甲前缘之间，附着在甲床上。甲板由几层坚硬的角蛋白细胞组成，本身不含有神经和毛细血管。清洁指甲前缘下的污垢时不可太深入，以免伤及甲床或使甲板从甲床上松动，甚至脱落。

七、甲床（nail bed）

甲床位于甲板的下面，含有大量的毛细血管和神经。由于含有毛细血管，所以甲床呈粉红色。

八、指甲前缘（free edge）

指甲前缘是甲板顶部延伸出甲床的部分。打磨指甲前缘时应注意从两边向中间打磨，切勿从中间向两边来回打磨，否则有可能使指甲断裂。

九、指芯（hyponychium）

指甲前缘下的薄层皮肤叫指芯。剪短水晶指甲前缘的，切勿将剪刀紧贴指芯，以免在剪断的瞬间，水晶甲体的张力太大，造成指芯撕裂。

十、甲沟（nail groove）

甲沟是指沿指甲周围的皮肤凹陷之处。

十一、甲壁（nail wall）

甲壁是甲沟处的皮肤。

脚指甲的结构大致与手指甲相同。指甲生长和健康状况取决于身体的健康状况、血液循环情况和体内矿物质含量。

培训项目 ② 指甲的生理结构及作用

专业美甲师的任务是保养和护理指甲，职责是维护自然指甲板、甲床和指甲周围组织的健康。通常情况下，顾客并不了解指甲美化的前提条件是自然指甲必须保持健康完整，而是更多地关注如何美甲，因此，美甲师有必要让顾客知晓自然指甲的健康对顺利完成美甲的重要性。

指甲通常是指指甲板，它是从手指末端生长出来的硬组织。但实际上，指甲板仅仅是指甲许多组织中的主要部分。指甲由以下部分组成。

一、指甲后缘

皮肤组织在指甲板处并没有停止延伸，而是在指甲板下面叠合并遮盖了露出的指甲板，这种皮肤褶能保护新长出来的指甲板，并且是指甲的一部分，被称为指甲后缘。在指甲板两侧的真皮是边侧甲壁的延伸。正常情况下，指甲后缘看起来很平滑，皮肤很健康。但它会因切割、刻画、摩擦和接触刺激性的化学物质而受到损伤。一旦指甲后缘受到损伤，细菌、真菌和病毒就会侵入并引起感染。指甲后缘构成了一个保护指甲板形成区域的封口和屏障。

二、甲母

在指甲后缘下面紧挨着的是一个很小的活组织区，被称为甲母，它是指甲中最重要的部分。甲母产生的细胞构成了指甲板，这些细胞非常像在头发中发现的细胞。甲母的大小和形状决定着指甲板的厚度和宽度。甲母区越宽，指甲板也就越宽。因此，大拇指的指甲板肯定比小指的指甲板宽。同样，甲母区越长，指甲板越厚。如果一个人的指甲板天生比较薄的话，其甲母区肯定很短。如果甲母因任何原因受到损坏，就可以从指甲板上看出来。

三、角质层和指皮

角质层是指甲后缘的一部分。指皮是覆盖在甲根上的一层皮肤。在手护理过程中，指皮会被轻轻地推回去，使得真角质层显露出来，多余的指皮应该被小心剪掉。在手护理过程中，如果操作不正确，会给顾客带来很多问题，会导致指甲的严重损伤，使顾客拒绝美甲。

四、指甲板

指甲板大部分是角质层（角蛋白），它与构成头发的化学物质是相同的。角质是从氨基酸中产生出来的蛋白质。这些特殊的蛋白质形成了一种坚固的有弹性的物质，称为指甲板。指甲板与皮肤和头发的生长是非常相似的。它由多层平整的角质细胞构成，这些板状细胞由一种黏性很强的物质互相凝结在一起，当多层细胞互相粘在一起时，就形成了同灰泥砖墙相似的构造。指甲板也被称作自然指甲。

当一个角质细胞在角质层中成长起来后，它会被新生的细胞推向外面并轻微地向上走。新细胞是从甲根处生长出来的，随着新细胞脱离甲母层，它们把旧细胞推向指尖，最终每个角质细胞将到达指尖。指甲板长出指尖的部分被称为指甲前缘。

硬角质层保护着甲床和指甲，厚的指甲板能起到更大的保护作用。很明显，如果指甲板太薄的话，它就不能真正地保护好它下面的组织。这种现象经常会在过度护理或是被打磨的指甲上出现。过度打磨自然指甲是导致指甲板变薄和毁坏的主要原因。

当角质层细胞脱离角质层时，它们看起来很饱满，并且有些发白。在从指甲下面长出来之前，那些细胞会变得平整透明并失去它们的颜色，这就是为什么指甲板在正常情况下是无色的原因（角质层上的甲弧除外）。

五、甲弧

甲弧是位于指甲后缘的发白的不透明区域。饱满的角质细胞会很平整，而当它们变平时，细胞内的大部分物质会丢失，这就是为什么它们会变得透明的缘故。甲弧正是由那些还没变平和还未丢失内在物质的细胞构成的。不是所有的指甲上都有一个轮廓清晰的甲弧。在有甲弧的指甲上，角质层的正面一端位于白色区的下面。甲弧区勾画出了角质层正面的轮廓，它经常出现在大拇指和食指上。通过了解一个人的用手习惯，就可以知道这个人哪一个指甲上有最大的甲弧。甲弧最大的指甲所在的那只手，通常就是习惯使用的手。

甲弧还决定着指甲板的形状。请看一下自己指甲上甲弧的形状，并把它与指甲前缘的自然形状比较一下，就会发现它们基本上是相同的。甲弧和指甲前缘都是新月形的。

六、甲床

甲床位于指甲板的下面，它从角质层开始一直到指甲的前缘。像皮肤一样，甲床由真皮和表皮两种组织构成。

七、血液和神经供给

指甲营养物质的充足供应是通过血液传送的。动脉把血液从心脏送到人体的各个部位。有两条动脉用来供应指甲，其中一条顺着手指的每个侧面行走，并且穿过侧面指甲壁。离开指甲壁以后，它们就进入了甲床的真皮（真皮组织）。许多细小的支脉把血液从动脉送到指甲的各个部分，这些细小的支脉被称为毛细血管，毛细血管把血液送到指甲板下面的表皮，这就使甲床呈现为粉红色。但是毛细血管并不能进入指甲板，因此指甲板得不到血液和营养。血液通过静脉从手指流走。静脉从动脉中汇集血液并把它们送回心脏。甲床有两条静脉。每个侧面指甲壁都有自己的静脉，这些静脉把血液和废物送出甲床。

神经也随着同样的路径穿过，它提供了触觉、痛觉和温度觉，神经控制着手指和手中间的肌肉，并在接近皮肤表面处停止延伸。神经的末端十分敏感，其中一些对疼痛敏感，而另一些是对压力或冷热敏感，它们把这些感觉传送回大脑。

八、骨

指甲板和甲床的其中一个作用就是保护指甲内的指骨，指骨决定着手指的整体形状、弯曲和伸展，同时也给予手指力量和支撑。

培训项目　3
指甲的生长状况

手指像一支管弦乐队，许多乐器共同紧密配合才能创造出美丽的乐章，指甲的作用也是这样发挥出来的。手指甲平均每月增长 0.3 cm，脚指甲则要略慢一些。指甲平均 5~6 个月更新一次，夏季要比冬季稍快。指甲的生长和健康状况取决于身体的健康状况、血液循环情况和体内矿物质含量。

一、指甲板的生长

角质细胞随着被推出甲母层，它们就开始发生变化，慢慢失去饱满圆润的形状（当角质细胞脱落甲母层时，它们开始变平并失去正常的圆形）。当角质细胞变平时，其内部大多数白色物质就消失了，变成薄的、平整的和透明的指甲细胞。甲母层的末端部分恰好在半月区下面，大多数半月区内的细胞没有完全变平或失去其内在物质，这就是为何半月区的颜色是白色的，并且是浑浊的。当这些细胞变平时，它们也会变得更加紧密。老细胞向外移动时，就更加紧凑地挤在一起，使指甲板变得更坚固、更紧密，所以接近指甲后缘的指甲板相对较软，而指甲前缘却含有最老、最平和最坚固的细胞。

认真对待指皮附近的区域是非常重要的，它比指甲板的其他区域要薄和软，同时，甲母层直接在它的下面。指甲上皮层组织是一道抵御细菌和其他微小"侵袭者"的屏障。与手指的该区域有关的操作要十分谨慎，如果它受到了伤害就可能导致手指的永久性损伤。

指甲板的每一个细胞都来自甲母层，唯一的例外是紧贴着指甲板底部的那一层薄薄的表皮，这层组织在指甲板前缘的下面就变成了指芯。

许多因素都影响着指甲的生长速度。每一个手指的指甲板是以不同的速度生长的，而且指甲板在晚上和冬天的生长速度较慢，平均而言，正常的大拇指指甲每月生长约 2.5 mm 或者每年生长约 3 cm。左手拇指指甲通常要比右手拇指指甲生长略快一些。食指指甲板生长最快，其后是中指和无名指，这两者的生长速度基本相同。拇指指甲生长较它们来说要慢一些，生长最慢的是小指指甲，每年大约生长 6 mm。因此，手指越长，其指甲生长速度越快，这就成了一条规律。

指甲板在夏天的生长速度要比其他季节快 20%。女性在怀孕期间，其指甲板生长速度也要快些，在怀孕 4 ~ 8 个月，其指甲板的生长速度会提高大约 30%。而从怀孕 9 个月至分娩后，不管在什么季节，生长速度都会提高 20%，2 ~ 3 周后，就会回落到正常状态。年龄也会影响指甲的生长速度，10 ~ 14 岁生长速度最快，20 岁以后生长速度就会慢慢下降。啃指甲、意外的损伤或者脱离都会使指甲板生长加快。男性指甲板的生长速度要比女性快，尤其是常用的手。同时，也有许多因素会导致指甲板生长速度下降，例如，麻痹瘫痪、营养不良、哺乳期、严重感染、银屑病和服用某些药物。

有些人认为，有些食物（如凝胶、果冻和特殊的乳脂）会提高指甲板的生长速度，这是不正确的。虽然指甲板的正常生长需要某些营养物质，但是几乎没有什么迹象表明吃一些特殊食品就会导致它们加速生长。没有一种化妆产品可以证明它将改变人体的功能，这些产品仅仅是为了美容，而不能影响人体的正常生长。

二、血液正常循环的作用

甲母层担负着指甲板生长的重任。甲母需要良好的血液供应来完成它的工作。动脉把血液送到了甲母层中细微的毛细血管处。毛细血管就像一条条单行的长街，它们带着血液蜿蜒前进穿过许多组织。甲母层中有两种毛细血管，一种传送氧和对甲母细胞非常重要的营养物质；另一种负责把废物和其他污物排出甲母层。负责排泄的毛细血管把废物送入静脉，污血流经肾脏和肝脏时会被净化，然后回到心脏，而心脏又像泵一样把血液压进各条动脉，使其在整个人体内循环，这种循环在每一天的 24 h 内不停地进行着，人体内包括手指中的每个细胞都会受益于这个循环，这就是甲母层怎样得到供给和被"打扫干净"的。显然，正常的血液循环对维持手指健康起到了关键作用。

三、强度和柔韧性

在理解是什么原因使指甲板既坚固又有韧性之前，必须先给这些专用名词下定义。强度、硬度、坚韧度、柔韧性和易脆性这些专用名词常常被误用。

1. 强度：是指甲板抵御破损的能力。
2. 硬度：是测量指甲板是否容易被刮伤、刻伤程度的标准。
3. 坚韧度：是强度和柔韧性的结合。
4. 柔韧性：决定了指甲板可弯曲的程度。
5. 易脆性：显示出指甲板容易破裂的程度。

理解这些专用名词的概念是非常重要的，因为它们很可能会引起误导。例如，某一种产品或疗法被宣称它能使指甲变得更加坚硬，大多数人就会认为这意味着指甲将变得更加坚固和柔韧，但是这些产品的作用往往完全相反，它们会使指甲发硬和易碎。为什么指甲越坚硬而柔韧性会变得越差呢？这是因为指甲越坚硬就越容易破碎。因此，指甲的易碎性会导致它们的柔韧性下降和强度的减弱。柔韧性往往与强度相混淆，但从定义中可以发现两者是不同的。许多东西非常柔韧却没有强度。铅制易拉罐就是一个很好的例子，它们很柔韧，但是弯曲几次就会被突然折断。

四、指甲板的化学成分

指甲板的剪切面分析表明，除了氨基酸和硫黄以外，指甲板还含有其他的化学物质，其中一些是铁、铝、铜、银、金、钛、磷、钠和钙。每一种物质都是在极其微小的浓缩物中发现的。有一个普遍的观点认为补充钙能够使指甲更加坚固。但是由于钙只占到指甲成分的 0.07%，所以这种说法是不合理的。另外，硫黄也占指甲成分的 5%，而钠的密度又比钙多 3.5 倍。显而易见，多吃盐（氯化钠）也是不会使指甲更加坚固的。

五、坚固的指甲板

指甲板是强度和柔韧性的独特结合，也就是说指甲板很坚韧。指甲的强度来自许多硫黄交联和其他类型的化学结合。它的柔韧性多数应归于水分，指甲板内不断上升的水分含量将会提高其柔韧性。指甲板并不像看上去那样致密，而是充满了沟和坑。这些坑与那些通向指甲板内更深处的坑相连接着，它们让水能够自由地从指甲床流到指甲板的表面。

即使指甲板看起来是干燥的，这些空间中也充满了水分。水的不断涨落使它们从指甲床中向上流入指甲板。一旦水分到了指甲板的表面，它们就会被蒸发掉，水分就像是润滑剂和减振器。指甲板是许多角蛋白长线纠缠在一起的聚合体。水分在这些角蛋白线之间流动。湿线更易于互相滑动，结果就会更具柔韧性。角蛋白线会像一个松垮的弹簧一样向上盘绕。如果有水的话，这样就更容易。而角蛋白的环绕也会提高柔韧性。如果指甲板突然受到打击或碾压，那么角蛋白之间的水就会起缓冲作用，因为水吸收了一部分冲击，通过这种方法，指甲板就变坚韧了。

六、溶剂的作用

显然，任何除去或者使指甲板干透的东西都将会降低指甲板的柔韧性和坚韧度。去除剂和擦拭剂中都含有使指甲变干的溶剂，如乙酸乙酯和甲基乙基酮。它们经常被称为无酮去除剂，酮也能去除指甲中的水分。然而，正确使用这些溶剂是不太可能伤害指甲板的，因为其干燥作用是短暂的。

为什么说干燥作用是短暂的呢？指甲板中的微小坑道可以自始至终地到达甲床，水分不断地向上流动，并且在指甲板表面蒸发。任何由溶剂去除的水分都会被迅速替代。同时，一些擦拭剂中又加入了 20% 的水，这就抵消了它的干燥作用，使得去除剂少干燥一些，并使其较慢地起作用，这些去除剂往往含有有助于提高柔韧性的特殊保湿剂。在正常情况下，只有那些把手放到干燥剂中的人才会遇到上面的问题。易碎的指甲在使用干燥剂后，其指甲板就有可能从指甲床上剥离或脱落。如果顾客的指甲板又干又薄，可以自己用水来稀释擦拭剂。通过试验，能够发现水和擦拭剂的最好比例，一般来说，10 份擦拭剂兑 1或 2 份的水效果最好。

但是，过多的水分也会导致指甲板脱落、剥离和破损。那些经常把手泡在水里的人皮肤和指甲往往是有问题的（如化妆师或频繁洗手者）。指甲板中过多的水分可能会导致指甲过度变软、膨胀，而指甲板的反复软化和膨胀会引起其表皮的脱离。表面的角质细胞是最老的，并且容易被损伤。过多的水分和干燥剂最有可能对指甲板表面造成伤害。

乳脂和洗液能够防止指甲板变平。含油的乳脂本身不能增加水分，只有水才能润湿指甲板。油处于指甲板的上面，并且能够防止水分在表面蒸发，这将会使水分在指甲板内聚集且防止干燥。以油为基础的洗液或者乳脂将会有助于那些一直把手放在水里的人保护指甲。油封住了皮肤和指甲板，使它们能起到防水作用。去污剂和洗涤剂对皮肤和指甲也都有消极作用，它们会除去作为软化物和保护层的油。

培训项目 **4**

指甲的外形及护理技巧

一、指甲的外形

指甲的外部形状分为指甲板的形状和指甲前缘的形状。

1. 指甲板的形状

指甲板的形状是指覆盖在甲床上的指甲形状，是与生俱来的。一般情况下，每个人同一只手上不同手指的指甲板的形状也是不同的。

2. 指甲前缘的形状

指甲前缘一般被修剪成六种形状：方形、方圆形、椭圆形、圆形、尖形和喇叭形。脚指甲则一般被修剪成圆形或方形。

（1）方形

性格活泼和使用指甲顶端频率较高的顾客，如秘书或计算机程序设计师更倾向于较短的方形指甲。方形指甲最为坚固，也最为耐久，因为它的受力部位比较均匀，不易断裂，也不易妨碍顾客的活动。

（2）方圆形

方圆形指甲对于经常展示自己手指的顾客，如接待员或推销员等是最好的选择，因为这种形状最为时尚，也比较耐久。

（3）椭圆形

对自己手的形状比较关心和比较传统的顾客来说，椭圆形的指甲也许是比较满意的选择。

（4）圆形

圆形指甲适用于本身手形纤长的顾客。

（5）尖形

尖形指甲是古典风格的个性派甲形，它对于配合潮流的化妆方法是一种新的尝试，但由于指尖接触面积小，易断裂。亚洲人指甲较薄，不适于修成这种甲形。

（6）喇叭形

喇叭形指甲常见于部分手指，在自然甲修形时可将其修成其他形状。通过做水晶甲也可以改变其形状。

二、指甲前缘形状的修整技巧

指甲的长短和形状取决于顾客的生活方式和个人喜好。不管顾客喜欢自然指甲还是水晶指甲，其形状都是没有很大区别的。

1. 为自然指甲打磨形状选择打磨砂条

为自然指甲打磨形状时，打磨砂条型号的选择见表4-1。打磨砂条的型号越低，砂条越具磨蚀性；型号越高，砂条越柔软。

表 4-1　　　　　　　　　　打磨砂条型号对照表

型　　号	特　　性
60 号	具有极强的磨蚀性
80 号	具有较强的磨蚀性
100 号	具有磨蚀性，常用于刻磨和修整形状
180 号	柔软，常用于打磨轮廓和表皮护膜区域的轮廓
320 号	非常柔软
400 号	极柔软
4000 号	柔软亮泽
12000 号	极亮泽

将打磨砂条在手背上轻轻摩擦，如果觉得砂条比较粗糙，那么该砂条的磨蚀性很可能超过自然指甲的承受力，因此需要选择一个更加柔软的，也就是号

码更大的砂条。如果使用的砂条磨蚀性过强，会使指甲断裂或剥落。

常用的打磨砂条为 100 号和 180 号。100 号打磨砂条具有磨蚀性，而陶瓷打磨砂条与 180 号打磨砂条则相对柔软。

2. 将自然指甲打磨成预定的形状

（1）方形指甲

手握砂条，使打磨面与指甲呈 90° 角，从两边向中间的方向打磨指甲前缘，先从一边向中间打磨 3 下，再从另一边向中间打磨 3 下（见图 4-2）。

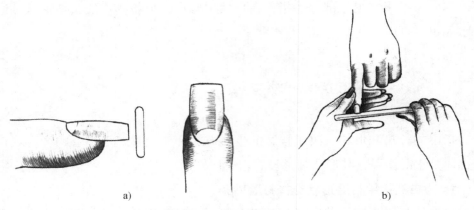

a)   b)

图 4-2　方形指甲及打磨方法
a）方形指甲　b）打磨方法

（2）方圆形指甲

手握砂条，使打磨面与指甲呈 45° 角，从两边向中间打磨指甲（见图 4-3）。

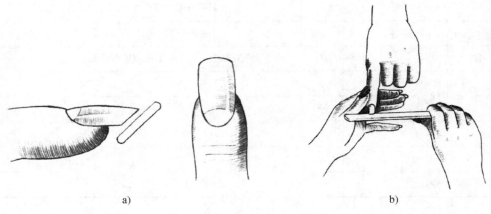

a)   b)

图 4-3　方圆形指甲及打磨方法
a）方圆形指甲　b）打磨方法

（3）椭圆形指甲

平握砂条，打磨面指向上方，沿指甲前缘下面打磨（见图4-4）。

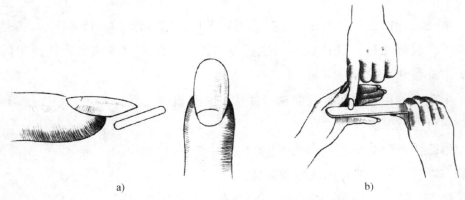

a)　　　　　　　　　　　　　　b)

图4-4　椭圆形指甲及打磨方法

a）椭圆形指甲　b）打磨方法

3. 修整与打磨指甲形状的注意事项

（1）指甲形状越方，越具有耐久性。

（2）尖状指甲极易断裂，应提醒顾客注意。

（3）指甲前缘的长度不应超过指甲板的长度。

（4）切勿过度打磨指甲的两边，以免造成断裂。

（5）切勿在指甲表面前后或左右来回打磨，以防指甲断裂。

（6）打磨结束后，斜握砂条，轻轻打磨指甲前缘，这一步将会消除粗糙的边缘并避免指甲剥落（见图4-5）。

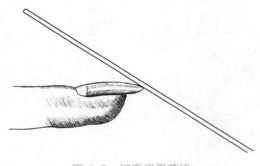

图4-5　打磨指甲前缘

三、指甲的护理技巧

指皮的功能是保护指皮下面甲母的生长中心，防止水分、病菌及异物进入，从而影响指甲生长。如果过分修剪指皮或往后推指皮，其保护的功能就消失了，甲沟发炎的概率就会增加。若甲沟反复发炎，容易演变成慢性甲沟炎，造成指头前端肥厚、变形，此时恢复原状是很困难的，所以尽量不要除掉或破坏指皮。

第一，尽量减少直接以指甲接触东西，或将指甲当作工具来使用，减少伤及指甲的机会。

第二，若指皮已经萎缩或消失，可每天以温水浸泡 10～15 min 后，用热毛巾擦干，轻轻按摩，让指皮重新生长。另外，可使用营养油来涂抹指甲后缘，减少指皮裂开、脱落的情况。

第三，避免接触各种刺激物，如肥皂、有机溶剂等；如果必须要接触刺激物，尽可能戴保护性的手套。

第四，对于受伤或破裂的指甲，可用指甲修护霜涂抹，隔一天一次。指甲修护霜以含有果酸或磷脂成分者为佳。

第五，清洁指甲时，应先用一些具有抗菌作用的湿纸巾或酒精棉球进行清洁，若顾客的指芯非常敏感，可以使用洗甲机，避免硬物伤及指芯。

第六，过于干燥的手部肌肤会使人显得苍老而没有光泽。使用具有保湿功能的护手霜会使肌肤柔嫩、清新，而不显得油腻。

职业模块 ❺
美甲产品与工具

内容结构图

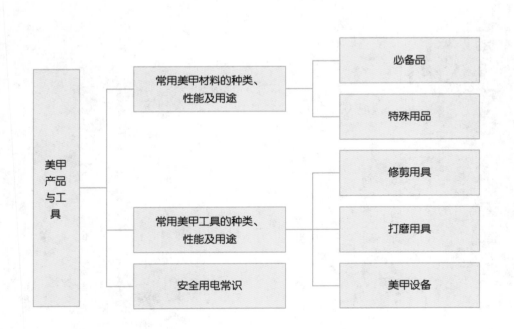

培训项目 ①

常用美甲材料的种类、性能及用途

美甲材料按材料的性能分为必备品、特殊用品两类。

一、必备品

1. 消毒液（浓度为 41% 的福尔马林溶液）

消毒液用于消毒工具。将工具在消毒液中浸泡一段时间进行消毒，一般浸泡 20 min 左右（见图 5-1）。

2. 消毒液容器

消毒液容器用于盛放消毒液，浸泡工具起到消毒作用（见图 5-2）。

图 5-1　消毒液

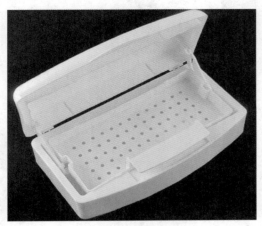

图 5-2　消毒液容器

3. 酒精（浓度为 75%的乙醇溶液）

酒精用于清洗、消毒手部皮肤，也可用于消毒工具（见图 5-3）。

4. 碘酒

碘酒用于刺伤、割伤及其他类型伤口的清洗处理（见图 5-4）。

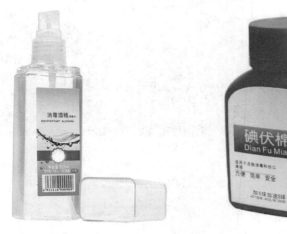

图 5-3　酒精 　　　　　　　　　　　图 5-4　碘酒

5. 云南白药

云南白药为粉末状，用于伤口止血，应按照使用说明使用（见图 5-5）。

6. 创可贴

创可贴用于包扎已消过毒的小型伤口（见图 5-6）。

图 5-5　云南白药 　　　　　　　　　图 5-6　创可贴

7. 营养油

营养油用于滋润指甲周围的皮肤，并且有助于去除破损的自然指甲和抛光水晶指甲（见图 5-7）。

8. 底油

底油为透明的或呈粉红色，在涂彩色指甲油前使用，可增加彩色指甲油的附着力（见图 5-8）。

图 5-7　营养油

图 5-8　底油

9. 指甲精华素

指甲精华素含有特殊成分，能够使自然指甲变得坚硬，可替代底油使用（见图 5-9）。

10. 彩色指甲油

彩色指甲油含各种颜色的色素，可根据顾客的喜好和需要选用（见图5-10）。

图 5-9　指甲精华素

图 5-10　彩色指甲油

11. 亮油

亮油用于保护彩色指甲油，使其保持光泽。亮油越黏稠，干燥时间越长，光泽度也就越高；反之，亮油越稀，干燥时间越短，光泽度也就越低（见图5-11）。

12. 棉球

棉球用于清除指甲油或手指、指甲上的各种污渍（见图5-12）。

图 5-11　亮油

图 5-12　棉球

13. 棉球容器

棉球容器用于盛装棉球（见图5-13）。

14. 橘木棒

橘木棒用于制作棉签，清除甲沟、甲壁等处残留的甲油或胶水（见图5-14）。

图 5-13　棉球容器

图 5-14　橘木棒

15. 粉尘刷

塑料的鬃毛粉尘刷用于在手护理时清洁自然指甲以及在做水晶指甲时清除粉尘（见图 5-15）。

图 5-15　粉尘刷

16. 浸手碗

浸手碗用于浸泡手指，使用时应加入温水和适量的护理浸液，一般浸泡 10 ~ 15 min（见图 5-16）。

17. 毛巾

毛巾用于擦干浸湿的双手或双脚（见图 5-17）。

图 5-16　浸手碗

图 5-17　毛巾

18. 小剪刀

小剪刀用于裁剪丝绸、纤维或装饰纸制品（见图 5-18）。

19. 小镊子

小镊子用于夹指甲片、指甲饰物或钻石（见图 5-19）。

图 5-18 小剪刀

图 5-19 小镊子

20. 玻璃碗

可在玻璃碗中加水洗手；也可在卸甲时，倒入卸甲液，用于浸泡水晶指甲等（见图 5-20）。

21. 隔趾海绵

可将隔趾海绵夹在脚趾间，让脚趾分隔开来，以便于甲油的涂抹（见图 5-21）。

图 5-20 玻璃碗

图 5-21 隔趾海绵

22. 垃圾袋

垃圾袋用于盛装美甲工作过程中产生的废物、垃圾（见图 5-22）。

23. 一次性纸巾

一次性纸巾是美甲工作过程中的辅助用品（见图 5-23）。

24. 刮刀

刮刀用于从罐、瓶中取用产品，切勿用手指取用（见图 5-24）。

25. 甲片盒

甲片盒用于盛放指甲贴片，可将指甲贴片按 1～10 号大小分别放置（见图 5-25）。

26. 彩色指甲油色板

彩色指甲油色板用于展示指甲油的色彩（见图 5-26）。

图 5-22　垃圾袋

图 5-23　一次性纸巾

图 5-24　刮刀

图 5-25　甲片盒

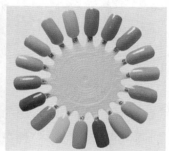

图 5-26　彩色指甲油色板

27. 水晶甲练习板

水晶甲练习板用于在学习初期练习水晶甲的制作手法（见图 5-27）。

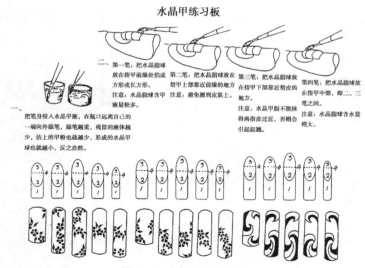

图 5-27　水晶甲练习板

28. 甲油点花笔

选择尺寸合适的甲油点花笔一端，蘸取适量指甲油，点在指甲合适的位置上，即可轻松打造出小圆点图案（见图 5-28）。

29. 丙烯染料

丙烯染料因为其色彩鲜艳，用于绘制各种图案，所以是美甲中经常用到的染料（见图 5-29）。

图 5-28　甲油点花笔

图 5-29　丙烯染料

30. 调色盘

调色盘为绘画常用的调色用品，一般为塑料制品，椭圆形或长方形。常见的调色盘有两种：一种只有调色盘，另一种自带固体颜料块的有颜料容器和调色容器两个部分。调色盘应具有能盛装多种色彩的颜料、容量适宜、便于携带和使用的优点。在美甲工作中，主要用于丙烯染料的调试（见图 5-30）。

31. 锡纸

锡纸在美甲过程中主要应用于卸甲，主要是因为锡纸能防腐蚀，具有很好的吸收功能。防止溶解有指甲油的卸甲水沾在他人手上或沾在其他物品上（见图 5-31）。

图 5-30　调色盘

图 5-31　锡纸

32. 卸甲棉

卸甲棉为卸甲的主要辅助用品或美甲过程中的其他擦拭品（见图 5-32）。

33. 足部护理套装

足部护理套装用于顾客足部护理、保养使用（见图 5-33）。

图 5-32　卸甲棉

图 5-33　足部护理套装

二、特殊用品

1. 卸甲水

卸甲水用于在各种美甲服务前的去除自然指甲上的甲油胶（指甲油）。卸甲水分为含丙酮和不含丙酮两类，美甲师应根据产品说明选择使用（见图 5-34）。

2. 丙酮溶液

丙酮溶液用于清洁刷子或去除胶水、指甲油和其他附着物（见图 5-35）。

图 5-34　卸甲水

图 5-35　丙酮溶液

3. 护理浸液

在浸泡手的时候，将护理浸液加于水中，用于清洁、松弛皮肤（见图 5-36）。

4. 指皮软化剂

将指皮软化剂涂抹于指甲后缘的指皮上，可软化指皮，使之易于去除（见图 5-37）。

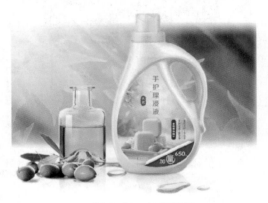

图 5-36　护理浸液

图 5-37　指皮软化剂

5. 去角质霜

去角质霜用于去除手部或脚部皮肤上的过厚角质层，使皮肤细腻光滑（见图 5-38）。

6. 按摩霜

按摩霜用于标准手部护理中的按摩服务，通常含有甘油基质，能够使皮肤保持水分，去除干燥、易剥落的皮肤（见图 5-39）。

图 5-38　去角质霜

图 5-39　按摩霜

7. 细腻精华霜

细腻精华霜用于手部或脚部皮肤的滋润护理（见图 5-40）。

8. 细腻清洁乳

细腻清洁乳能温和皮肤深层，排除毛孔污垢及老废角质（见图 5-41）。

图 5-40　细腻精华霜　　　　　　图 5-41　细腻清洁乳

9. 细腻姜糖磨砂膏

细腻姜糖磨砂膏能清除肌肤及甲边老厚角质，令双手肌肤细腻、柔嫩、光滑（见图 5-42）。

10. 指甲油稀释剂

指甲油稀释剂用于稀释较黏稠的指甲油（见图 5-43）。

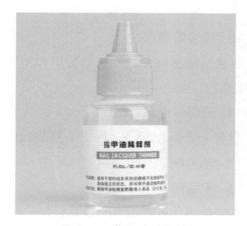

图 5-42　细腻姜糖磨砂膏　　　　　图 5-43　指甲油稀释剂

11. 指甲贴片

指甲贴片有全贴、半贴等各种款式，将指甲贴片粘贴在自然指甲上，可以起到美化指甲的作用（见图5-44）。

12. 贴片胶

贴片胶通常是指5 s干燥的快干胶。贴片胶有三种：稀释胶（干燥较快）、黏稠胶（干燥慢，但黏性强）和介于两者之间的中性胶。贴片胶用于粘贴指甲贴片或指甲上的装饰物等（见图5-45）。

图5-44 指甲贴片

图5-45 贴片胶

13. 接痕溶解剂

将接痕溶解剂涂抹于自然指甲和指甲贴片的接合处，能起到溶解接合处痕迹的作用（见图5-46）。

14. 消毒干燥黏合剂

消毒干燥黏合剂是一种化学制剂，用于自然指甲表面杀菌脱水，使水晶指甲更牢固地紧贴于自然指甲上（见图5-47）。

15. 平稳托

平稳托用于放置消毒干燥黏合剂的瓶子（见图5-48）。

16. 指托板

将指托板固定于自然指甲上，用于制作水晶指甲前缘（见图5-49）。

图 5-46　接痕溶解剂

图 5-47　消毒干燥黏合剂

图 5-48　平稳托

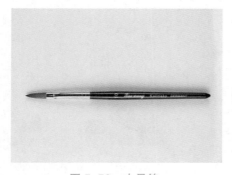

图 5-49　指托板

17. 水晶笔

水晶笔由动物尾毛制作而成，是制作水晶指甲的专用工具（见图 5-50）。

18. 甲液杯

甲液杯用于盛放水晶甲液，使用过程中为避免药液挥发，最好盖好杯盖（见图 5-51）。

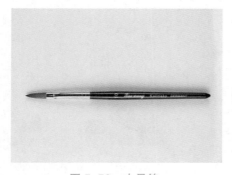

图 5-50　水晶笔

图 5-51　甲液杯

19. 水晶甲液

水晶甲液是一种化学制剂，是和水晶甲粉混合后所产生的物质，可以制作水晶指甲（见图5-52）。

20. 水晶粉

水晶粉分为水晶甲粉和雕花粉。

（1）水晶甲粉

水晶甲粉是粉状物，和水晶甲液混合后所产生的物质可以制作水晶指甲（见图5-53）。

图 5-52　水晶甲液

图 5-53　水晶甲粉

（2）雕花粉

雕花粉也是水晶粉，都需要与水晶液一起使用，因为用于水晶指甲表面和内部进行雕塑造型，只是为了方便区别，因此叫雕花粉（见图5-54）。

21. 洗笔水

洗笔水是一种特制化学液体，用于清洁使用过的水晶笔（见图5-55）。

图 5-54　雕花粉

图 5-55　洗笔水

22. C 弧定型器

C 弧定型器是制作水晶甲过程中，塑造指甲前缘形状时使用的工具，是五个直径大小不等的金属圆管，分别对应拇指到小指的指甲前缘形状。制作水晶甲时，塑造指甲前缘形状（见图 5-56）。

23. 人造指甲卸甲水

人造指甲卸甲水是一种化学制剂，用于卸除各种人造指甲（见图 5-57）。

图 5-56　C 弧定型器　　　　图 5-57　人造指甲卸甲水

24. 抛光蜡

将少量抛光蜡涂抹于自然指甲上，与抛光皮搓配合使用，可抛光自然指甲（见图 5-58）。

图 5-58　抛光蜡

25. 甲油胶

需要通过紫外线照射固化的甲油称为甲油胶。甲油胶用于自然指甲表面，可用作装饰或自然指甲加固（见图5-59）。

图5-59 甲油胶

26. 凝胶

凝胶是一种黏稠的胶水，遇到凝胶速干剂立即硬化，涂抹于指甲表面（见图5-60）。

27. 速干剂

速干剂能够使凝胶硬化，用于丝绸甲、纤维甲的制作。美甲师应注意小心使用，切勿触及眼睛（见图5-61）。

图5-60 凝胶

图5-61 速干剂

28. 基础胶

基础胶又称"结合剂""黏结胶"等，它主要起到黏结、黏合的作用。在制作光效凝胶甲时，能够使自然指甲与光效凝胶甲材料很好地黏合（见图

5-62 ）。

29. 中层胶

中层胶又称"模型浆""模型胶""延甲浆"等，它主要起到塑造指甲形状的作用。在制作法式灯光凝胶甲时，也可用到白色和粉色的中层胶（见图 5-63 ）。

图 5-62　基础胶　　　　　　　　　　图 5-63　中层胶

30. 彩色胶

彩色胶又称"彩色延甲胶"等，有多种颜色，其不如中层胶黏稠度高，也不如彩油胶稀，坚韧性介于两者之间。可单独制作指甲的延长部分，也可附在中层胶之上起到为指甲增添色彩的作用（见图 5-64 ）。

31. 彩油胶

彩油胶又称"彩色层衣"等，有多种颜色，其黏稠度较稀、坚韧性最弱，只能附着在中层胶之上使用，不可用于单独制作指甲的延长部分，其作用类似指甲油（见图 5-65 ）。

图 5-64　彩色胶　　　　　　　　　　图 5-65　彩油胶

32. 封面胶

封面胶又称"凝固液""封层""光亮层衣"等，它既可以起到密封和保护的作用，又可以使甲面长时间保持光泽（见图5-66）。

33. 粉胶甲

粉胶甲是结合了水晶甲和自然凝胶甲制作优点的一种新型指甲，它弥补了自然凝胶甲不够坚硬的弱点，同时它的制作方法简单易学，可缩短操作时间，提高工作效率。粉胶甲不需要光效凝胶甲的灯光照射设备，更能满足顾客的需求（见图5-67）。

图 5-66　封面胶

图 5-67　粉胶甲

34. 雕花胶

雕花胶是在指甲表面制作立体造型效果的凝胶（见图5-68）。

图 5-68　雕花胶

35. 凝胶笔

凝胶笔用于涂抹凝胶，使用后应用清洁剂清洗，避光保存（见图5-69）。

36. 凝胶灯

凝胶灯是一种特制的紫外线照射灯，有多种型号，它所发出的紫外线灯光会与凝胶中的某些物质发生反应，使凝胶在指甲表面固化成形（见图 5-70）。

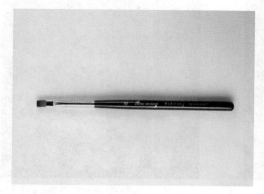

图 5-69　凝胶笔

图 5-70　凝胶灯

37. 清洁剂

清洁剂可清洁固化凝胶表面的黏稠物质（见图 5-71）。

38. 漂白剂

漂白剂含有过氧化氢或柠檬酸，可用于去除水晶指甲上的污渍（见图 5-72）。

图 5-71　清洁剂

图 5-72　漂白剂

39. 小苏打

将两茶匙小苏打兑于约 100 mL 水中，可用于缓解消毒干燥黏合剂造成的痛痒感（见图 5-73）。

40. 人造钻石、吊饰

将人造钻石、吊饰等用胶水粘贴在指甲表面，用于点缀和装饰（见图5-74）。

图 5-73　小苏打

图 5-74　人造钻石、吊饰

41. 拷贝纸

拷贝纸主要用来学习掌握美甲绘画基础。白描是中国画技法名，指单用墨色线条勾描形象而不施色彩的画法。白描运用到美甲课程中是时尚与艺术的有机结合，可以让美甲师迅速掌握美甲绘画的基本形态，使得美甲技术迅速提高（见图5-75）。

42. 彩绘笔

彩绘笔分为排笔、描线笔、造型毛笔。

（1）排笔

排笔的使用方法与描线笔、造型毛笔的使用方法都有比较大的区别。它最大的特点是要在同一个笔头上蘸取至少两种颜色的颜料，然后在甲片上通过笔的轻微旋转画出装饰性强的图案（见图5-76）。

图 5-75　拷贝纸

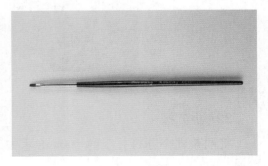

图 5-76　排笔

（2）描线笔

描线笔在使用时握笔要紧，并且要把笔杆立起来，在勾勒线条时主要运用手腕的旋转来达到流畅的效果。描线笔蘸取颜料原则上不宜过于饱和，最好根据所画线条的粗细来调整笔的大小（见图 5-77）。

（3）造型毛笔

造型毛笔的使用不像描线笔那样拘谨，它的握笔方法可以根据画的需要来调整。一般来讲，在画较为精致的细节时，要求美甲师要紧握笔杆，把笔立起来。造型毛笔蘸取颜料也同样是根据画面需要来自由掌控的。由于造型毛笔笔身较长，所以往往用一支笔即可满足创作一幅作品的需求（见图 5-78）。

图 5-77　描线笔

图 5-78　造型毛笔

43. 雕花笔

雕花笔是水晶甲制作的重要工具，可用于将水晶粉与水晶液进行适当的调和并进行塑形（见图 5-79）。

44. 黑卡纸

黑卡纸用于练习排笔手绘的纸张（见图 5-80）。

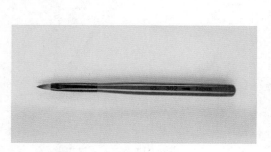

图 5-79　雕花笔

图 5-80　黑卡纸

培训项目 **2**

常用美甲工具的种类、性能及用途

常用的美甲工具按功用可分为修剪用具、打磨用具、美甲设备三大类。

一、修剪用具

1. U形剪

U形剪用于修剪贴片指甲的前缘长度，可一次性完成修剪，省时、快捷。在使用时切勿紧贴指芯，以免指甲断裂时的张力撕伤指芯（见图5–81）。

2. 水晶钳

水晶钳仅在清除松动的水晶指甲时使用。勿用指皮钳代替，以免造成工具损坏（见图5–82）。

图 5–81 U形剪

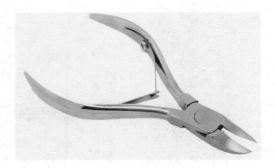

图 5–82 水晶钳

3. 指甲刀

指甲刀用于修剪所有类型指甲的长短或形状，包括自然指甲、贴片指甲、水晶指甲、凝胶指甲等（见图 5-83）。

4. 指皮推

指皮推用于推起指甲后缘处松弛的指皮（见图 5-84）。

图 5-83　指甲刀

图 5-84　指皮推

5. V 形推叉

V 形推叉用于推起指甲甲沟、甲壁处的硬指皮（见图 5-85）。

6. 指皮剪

指皮剪用于剪去多余的指皮（见图 5-86）。

图 5-85　V 形推叉

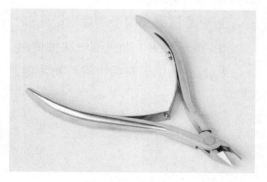

图 5-86　指皮剪

二、打磨用具

1. 去角质磨头

去角质磨头用于死皮的去除和人造指甲修形（见图 5-87）。

2. 打磨磨头

打磨磨头用于人造指甲面的打磨（见图 5-88）。

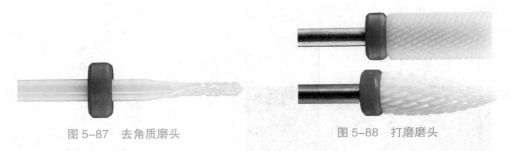

图 5-87　去角质磨头　　　　　　　　　　图 5-88　打磨磨头

3. 修形磨头

修形磨头用于指甲内外侧、前缘、后缘的打磨（见图 5-89）。

4. UNC 磨头（Under Nail Cleaner Bit）

UNC 磨头用于清理指甲底部，修整指甲前后弧度（见图 5-90）。

图 5-89　修形磨头　　　　　　　　　　图 5-90　UNC 磨头

5. 短甲清洁磨头

短甲清洁磨头用于清理指甲底部，修整指甲前后弧度（见图 5-91）。

6. 抛光磨头（抛光圈一次性使用）

抛光磨头用于对指甲进行初步抛光，使其呈现亮泽（见图 5-92）。

图 5-91　短甲清洁磨头　　　　　　　　图 5-92　抛光磨头

7. 陶瓷打磨砂条

陶瓷打磨砂条可以高温消毒、浸泡消毒，并可长期反复使用，可用于各种
美甲制作中的打磨工作（见图 5-93）。

8. 100 号打磨砂条

100 号打磨砂条颗粒较粗，用于水晶指甲服务中的大量打磨工作，也用于修整水晶指甲的形状和其他打磨工作（见图 5-94）。

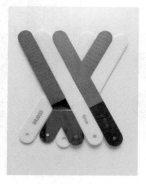 

图 5-93　陶瓷打磨砂条　　　　　　　图 5-94　100 号打磨砂条

9. 180 号打磨砂条

180 号打磨砂条颗粒较细，用于指皮周围的水晶指甲打磨和自然指甲前缘的打磨，使其更加光滑平整（见图 5-95）。

10. 砂棒

砂棒用于去除自然指甲上的凸起和皮肤上的污点（见图 5-96）。

图 5-95　180 号打磨砂条　　　　　　　图 5-96　砂棒

11. 搓脚板

搓脚板用于去除脚上的老茧（见图 5-97）。

12. 刮脚刀

刮脚刀用于去除脚部的死皮，使用时与死皮应保持 30° 左右的角度，手拿刮脚刀由上而下小心削刮（见图 5-98）。

图 5-97　搓脚板　　　　　　　　　　图 5-98　刮脚刀

13. 抛光海绵

抛光海绵用于自然指甲和水晶指甲的抛光。抛光自然指甲时要始终沿一个方向进行抛光，切忌来回打磨，以免指甲破损或使温度升高。海绵用后必须消毒（见图 5-99）。

14. 自然甲抛光块（抛光条）

自然甲抛光块（抛光条）可代替抛光海绵，用于自然指甲和水晶指甲的抛光。

（1）抛光块

抛光块分为三角体或长方体，两面、三面或四面贴有砂纸，握在手中极为舒适。抛光块与营养油配合使用，用于把水晶指甲打磨光滑（见图 5-100）。

图 5-99　抛光海绵　　　　　　　　图 5-100　抛光块

（2）抛光条

抛光条分为粗、细两种，长条形状，正、反两面贴有细砂纸或可用来抛光的特殊材料，主要用于甲面抛光。用于真甲表面去死皮，水晶甲和光疗甲打磨甲面（见图 5-101）。

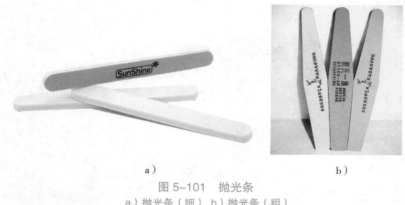

a）　　　　　　　　　　　　　　　b）

图 5-101　抛光条
a）抛光条（细）　b）抛光条（粗）

15. 抛光皮搓

抛光皮搓为羊皮面，用于自然指甲上抛光蜡的打磨、抛光（见图 5-102）。

三、美甲设备

1. 柜子

柜子用于放置闲杂物品，防止物品丢失，保持整洁（见图 5-103）。

图 5-102　抛光皮搓

图 5-103　柜子

2. 美甲工作台
美甲工作台是为顾客提供美甲服务时的操作台（见图 5-104）。

3. 台灯
台灯用于工作时的照明，最好固定于工作台上，既便于控制调节，又不易翻倒（见图 5-105）。

图 5-104　美甲工作台　　　　图 5-105　台灯

4. 托盘
托盘用于盛放进行美甲工作时所需的工具和化学品（见图 5-106）。

5. 美甲作品展示板
美甲作品展示板用于展示事先制作好的美甲作品（见图 5-107）。

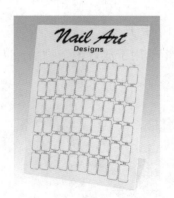

图 5-106　托盘　　　　图 5-107　美甲作品展示板

6. 垫枕
垫枕是通过专门制作或用毛巾包裹海绵制成，用于托垫顾客的胳膊（见图 5-108）。

7. 工作椅

工作椅是美甲师服务时坐的椅子（见图 5-109）。

图 5-108　垫枕　　　　　　　　图 5-109　工作椅

8. 顾客椅

顾客椅是顾客坐的椅子（见图 5-110）。

9. 足护理专用凳

足护理专用凳是在为顾客做足护理时用于放置顾客的双脚（见图 5-111）。

图 5-110　顾客椅　　　　　　　　图 5-111　足护理专用凳

10. 蒸汽足浴桶

利用蒸汽熏蒸原理，在水中添加中草药粉，对双腿、双脚进行熏蒸，能够活血化瘀，对老年性风湿、关节炎有一定的疗效（见图 5-112）。

11. 工具箱

工具箱用于盛放美甲师的美甲工具和材料（见图 5-113）。

图 5-112　蒸汽足浴桶

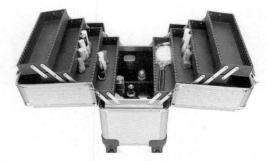

图 5-113　工具箱

12. 足浴盆

足浴盆可接通电源一直加热，并在加热到一定温度后保持恒温，用于足护理时浸泡顾客的双脚（见图 5-114）。

13. 蜡膜机

接通电源，加热融化蜜蜡，为顾客做手、足护理时制作蜡膜（见图 5-115）。

图 5-114　足浴盆

图 5-115　蜡膜机

14. 干裂手护理机

干裂手护理机用于加热护理精油或营养油，浸泡手指（见图 5-116）。

15. 烘干机

烘干机用于烘干指甲油（见图 5-117）。

16. 电动打磨机

电动打磨机用于清洁指甲前缘，修复水晶指甲，打磨、抛光、修理指皮等（见图 5-118）。

图 5-116　干裂手护理机

图 5-117　烘干机

17. 喷绘泵

喷绘泵是喷绘时所用的空气压缩气泵，需连接喷绘枪（见图 5-119）。

18. 喷绘枪

喷绘枪是喷绘时所用的连接在喷绘泵上的气枪（见图 5-120）。

图 5-118　电动打磨机　　　　图 5-119　喷绘泵　　　　图 5-120　喷绘枪

19. 喷绘模板

喷绘模板是喷绘时所用的图案模型板（见图 5-121）。

图 5-121　喷绘模板

20. 超声波脱甲机

在超声波脱甲机中装入卸甲液，通过加热振动可脱去水晶指甲，或加水清洗指芯敏感顾客的指甲（见图5-122）。

21. 空气清新灯

空气清新灯是通过特殊的光和效应，达到清洁室内空气、消除异味的作用（见图5-123）。

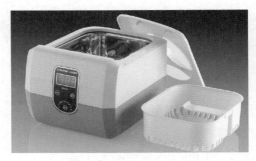

图 5-122　超声波脱甲机　　　　　　　　图 5-123　空气清新灯

22. 有喷嘴的塑料瓶

有喷嘴的塑料瓶容积为 2～40 mL，用于装液体、溶剂等（见图 5-124）。

23. 手模型

手模型用于练习做水晶指甲（见图5-125）。

图 5-124　有喷嘴的塑料瓶　　　　　　　图 5-125　手模型

24. 手指托

手指托是放置手指的托架（见图5-126）。

25. 打孔钻

打孔钻是在指甲上适合的位置钻孔，用于装饰小饰品（见图5-127）。

图 5-126　手指托

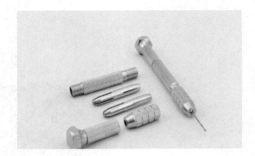

图 5-127　打孔钻

26. 尖嘴钳

尖嘴钳用于指甲上小吊环饰品的安装（见图 5-128）。

27. 名签

名签应佩戴于胸前，用于注明美甲师的姓名和专业级别（见图 5-129）。

图 5-128　尖嘴钳

图 5-129　名签

28. 工作服

工作服即美甲师在工作时穿的制服（见图 5-130）。

29. 钻石盒

钻石盒用于盛放钻石或其他指甲饰品（见图 5-131）。

30. 消毒柜

消毒柜用于存放清洁的毛巾、美甲工具及用品，以保持卫生健康（见图 5-132）。

图 5-130　工作服

图 5-131　钻石盒

图 5-132　消毒柜

培训项目 3

安全用电常识

1. 不要贪便宜购买假冒伪劣电器、电线、线槽（管）、开关、插头、插座等。

2. 不要私自或请无资格人员拉电线及接用电设备。

3. 使用电器时，应先插电源插头，后开电器开关；用完后，应先关掉电器开关，后拔电源插头；在插、拔插头时，要用手握住插头绝缘体，不要拉住导线使劲拔。

4. 不要用湿手接触开关、插座、插头和各种电器等带电设备，不要用湿布擦带电设备。

5. 移动电器设备时必须切断电源。

6. 发现破损电线要及时更换或用绝缘胶布扎好，禁止用普通医用胶布或药膏片包扎。

7. 使用大功率电器时，不得与其他功率较大的电器同时使用，以防线路过载引起火灾。

8. 通常电器设备使用完毕要及时切断电源，以免因电器长时间工作导致温度过高而发生事故。

9. 发现电器设备冒烟或闻到异味时，要迅速切断电源进行检查。

10. 遇到电器设备冒火，一时无法判明原因时，不得用手拔插头，应先切断电源再灭火。

11. 不得用铜、铁、铝线代替铅锡熔丝做熔断器的熔丝，熔丝规格要符合规定要求。

12. 在户外如发现电线断落地面，不要靠近，应就近及时报告有关部门处理。

13. 发现有人触电时，千万不要用手推拉触电者，应迅速切断电源或用木棒等绝缘物使触电者脱离电源，并就地抢救或及时向医疗急救机构求救。

14. 严禁攀登电线杆、变压器台架等，严禁私自开启公共变配电室和居民楼开关，以免发生事故。

15. 通常单相用电设备，特别是移动式用电设备，都应使用三芯插头和与之配套的三孔插座。三孔插座上有专用的保护接零（地）插孔，在采用接零保护时，有人常常仅在插座底内将此孔接线柱头与引入插座内的那根零线直接相连，这是极为危险的。因为万一电源的零线断开，或者电源的火（相）线、零线接反，其外壳等金属部分也将带有与电源相同的电压，这就会导致触电。因此，接线时专用接地插孔应与专用的保护地线相连。采用接零保护时，接零线应从电源端专门引来，而不应就近利用引入插座的零线。

16. 对经常使用的电器，应保持其干燥和清洁，不要用汽油、酒精、肥皂水、去污粉等带腐蚀或导电的液体擦抹电器表面。

17. 电器损坏后要请专业人员或送修理店修理，严禁非专业人员在带电情况下打开电器外壳。

职业模块 **6**

美甲卫生常识

内容结构图

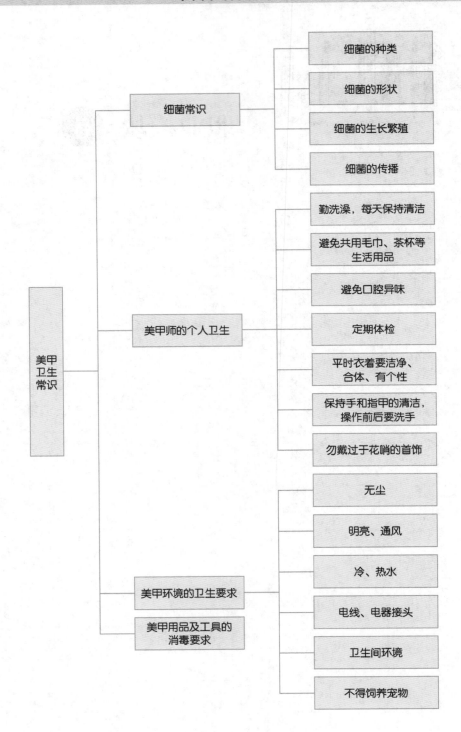

美甲卫生常识

- 细菌常识
  - 细菌的种类
  - 细菌的形状
  - 细菌的生长繁殖
  - 细菌的传播
- 美甲师的个人卫生
  - 勤洗澡，每天保持清洁
  - 避免共用毛巾、茶杯等生活用品
  - 避免口腔异味
  - 定期体检
  - 平时衣着要洁净、合体、有个性
  - 保持手和指甲的清洁，操作前后要洗手
  - 勿戴过于花哨的首饰
- 美甲环境的卫生要求
  - 无尘
  - 明亮、通风
  - 冷、热水
  - 电线、电器接头
  - 卫生间环境
  - 不得饲养宠物
- 美甲用品及工具的消毒要求

培训项目 1

细菌常识

细菌学是一门研究细菌，特别是致病细菌——病原菌的科学。为了使美甲师和顾客避免病菌的感染，美甲师需要了解一些细菌知识。每天应给工作间和工具做一次消毒，保持清洁，防止病菌传播。国家卫计委为美甲学校和美甲沙龙制定了有关消毒措施的规定，为保护每位公民的健康，这些规定必须严格遵守。

细菌是十分微小的，即使在放大 1 000 倍的显微镜下，它看上去也只有一个大头针帽那么大，因此被称为微生物。

细菌无所不在，它们存在于地球表面的内部，存在于农田里的作物上，存在于超级市场的食品上，它们漂浮于空中，漫游在水里。人体内的细菌更是数不胜数，如在嘴和肠胃里就有许多帮助消化的细菌。人体皮肤表面，如手上、指甲里也存在着细菌。

一、细菌的种类

细菌种类超过 1 200 种，可将其分为两类：有害细菌和无害细菌。有害细菌被称为病原菌，它们进入动物、植物或人体内时会引发疾病。它们繁殖迅速，并通过分泌有毒物质毒害人体。无害细菌对人体没有危害，而且其中一些甚至还是对人体有益的。无害细菌约占细菌总数的 70% 以上。

二、细菌的形状

根据细菌不同的形状可以分为以下几种。

1. 球菌（cocci）

球菌呈圆形或卵圆形（见图 6-1）。

球菌分为以下三类。

（1）双球菌（diplococci）

双球菌是成对生长的，能引发肺炎（见图 6-2）。

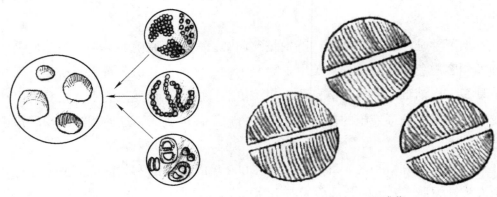

图 6-1　球菌　　　　　　　　　　　　　　图 6-2　双球菌

（2）链球菌（streptococci）

链球菌成曲线生长，类似一串念珠，能引发头疼、发烧和虚脱。链球菌及其分泌的毒素由一个小伤口进入血液，稍不注意就有可能在体内存活并传播传染病，还可能引发严重的并发症（见图 6-3）。

（3）葡萄球菌（staphylococci）

葡萄球菌是成簇生长的，能引发脓肿和疖（见图 6-4）。

2. 杆菌（bacilli）

杆菌细胞呈杆状，通常可在肺结核和破伤风患者身上发现（见图 6-5）。

3. 螺旋菌（spirilla）

螺旋菌的细胞呈螺旋形，通常能在亚洲地区的霍乱、鼠疫和梅毒患者身上发现（见图 6-6）。

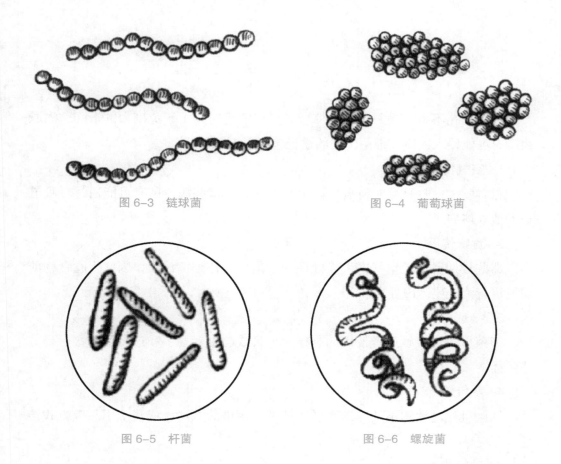

图 6-3　链球菌　　　　　　　　　　　图 6-4　葡萄球菌

图 6-5　杆菌　　　　　　　　　　　　图 6-6　螺旋菌

三、细菌的生长繁殖

　　细菌每 20 min 繁殖一次，也就是说一天繁殖 72 次。细菌的繁殖过程是：吸收食物，体积膨胀，然后 1 个细菌繁殖为 2 个细菌，接着 2 个变为 4 个，4 个变为 8 个，如此循环。因此一个细菌在一天之内有可能变成几百万个之多。

　　细菌喜欢生长在潮湿、阴暗、温暖的地方，因为那里有充足的食物供其繁殖。在适宜的环境下，细菌的生长繁殖是极为活跃的。但是如果缺乏适宜的食物、水分或温度条件，细菌会处于不活跃的状态中，形成孢子。孢子有坚硬的外壳，可以使其在恶劣的环境下生存，直到遇到适宜的环境重新恢复活力进行繁殖。正因为孢子有坚硬的外壳，所以能抵御热、冷和杀虫剂，它们比活跃的细菌更难对付。

四、细菌的传播

细菌无孔不入。当一个人受凉或者极度疲乏时，由于免疫力的下降，病原菌就有可能侵入人体。细菌传播的途径包括以下几种。

1. 空气传播

患者咳嗽、打喷嚏时将病原菌带入空气中，这些病原菌有可能通过呼吸道进入他人体内。

2. 食物传播

那些长期暴露于空气中未经处理的食物极易被细菌污染，因此生吃食物前需要进行清洗或冰冻处理。

3. 接触传播

细菌可通过接触患者使用的茶杯、工具或与患者握手和进行亲密接触等方式传播。

4. 水传播

细菌可通过饮用不洁净的水、用被细菌污染的水洗澡或清洗用品等方式传播。

5. 动物传播

动物传播指被一个叮咬过患者的蚊虫所叮咬等方式。细菌有可能从呼吸道、消化道或伤口进入人体。在人体内，细菌通过鞭毛在血液和细胞质里运动。因此，身体某一部分发生细菌感染，若不重视，极有可能扩散到身体的其他部分。

培训项目 2

美甲师的个人卫生

美甲师应该注意个人卫生，需要做到以下几点。

一、勤洗澡，每天保持清洁

美甲师必须保持体味清新，每天工作之前必须做好个人卫生。

二、避免共用毛巾、茶杯等生活用品

积极采取卫生防范措施，养成良好的卫生行为习惯是美甲师职业的重要组成部分。

三、避免口腔异味

早晚和饭后要刷牙，定期检查牙齿。

四、定期体检

保证健康上岗是美甲师的职业要求。

五、平时衣着要洁净、合体、有个性

美甲师引领时尚消费，个性特点是留给顾客深刻印象的重要元素，而洁净、合体则是基本要求。

六、保持手和指甲的清洁，操作前后要洗手

美甲师的工作性质是与顾客体肤接触，双手的卫生显得尤其重要，特别是指甲内不能藏污纳垢。

七、勿戴过于花哨的首饰

工作中佩戴过于花哨的首饰不利于清洁，不便于各项服务的操作。

培训项目 3

美甲环境的卫生要求

美甲环境的卫生要求包括以下几点。

一、无尘

所有工具、材料、桌椅、墙壁、天花板、地板等须洁净、无灰尘。

二、明亮、通风

工作间照明充足，温度适宜，通风条件良好。

三、冷、热水

有充足的冷、热水供应。

四、电线、电器接头

所有电线、电器接头处应妥善安装放置。

五、卫生间环境

卫生间内有冷、热水，皂液，纸巾供应。

六、不得饲养宠物

室内不得饲养猫、狗、鸟等宠物。

培训项目 4

美甲用品及工具的消毒要求

消毒是使美甲工具保持清洁，免受细菌污染的多种方法和必要措施。其目的在于促进公共卫生、预防疾病以及保障顾客和美甲师的健康。杀菌是去除物体上所有细菌，防止其产生危害的过程。实际上，从严格的意义上说，进行百分之百的杀菌是不可能的。但是，采用正确的杀菌措施可以使细菌数量减少到不至于危害人体的程度。

肮脏的地方往往是细菌的温床，因为细菌最有可能通过脏手、脏指甲、不洁净的毛巾和工具、不洁净的空气、灰尘以及苍蝇等昆虫进行传播，因此应注意下列事项：

1. 每天穿着干净的制服。

2. 毛巾须清洁，用过的毛巾应放在专门的容器里，容器须加盖。

3. 所有工具在使用前必须消毒。

4. 使用过的工具不得与干净的工具混放。

5. 化学品使用或混合须遵循产品说明的要求。

6. 化学品使用时勿与眼睛接触。

7. 工作台、抽屉、壁橱和工具须保持清洁。

8. 化学品应小心轻放，一旦外流应立即清洗。

9. 使用化学品后要洗手。

10. 所有容器须全部贴上标签，未贴标签的瓶子里的化学品不得使用。

11. 用于消毒的化学品须置于干燥阴凉之处。

12. 所有容器须加盖。

13. 任何物品掉落在地板上，未经消毒不得使用。

14. 所有废弃物品不能扔在地板上，须置于专门的容器内，加盖密闭。

15. 使用乳剂及其他半液体化学物质时，勿用手直接从容器中取用，应用小刮刀取适量物质置于专门容器中，用多少取多少。

16. 使用洗液及其他液体时，应先将其滴入专门容器内，再用棉签等工具从专门容器中取用，用多少取多少。

17. 浸手腕和做干裂手护理时的加热杯应是个人专用的。

18. 工具使用后须立即从工作台上拿走。

19. 使用打磨砂条时应注意，未经消毒前绝对不能用同一根砂条为不同的顾客打磨指甲，除非是一次性的、纸质的打磨砂条（纸质的打磨砂条不可消毒）。

20. 当完成服务后，须用金属刷清除钻头的灰尘和残留物，或者将其浸泡在丙酮溶液中，取出后用热的肥皂水洗净残留的杂质。应按规定时间将钻头浸泡在消毒液中，取出后晾干，并保存在一个清洁干燥的消毒容器中。还可以手洗抛光钻头，然后将其放进洗碟机内进行烘干。给每一位顾客使用一个干净的抛光钻头，如果能清洗并做到很好地保存，不仅省钱，而且每位顾客都会享有个人专用的待遇。

职业模块 **7**

法律法规知识

内容结构图

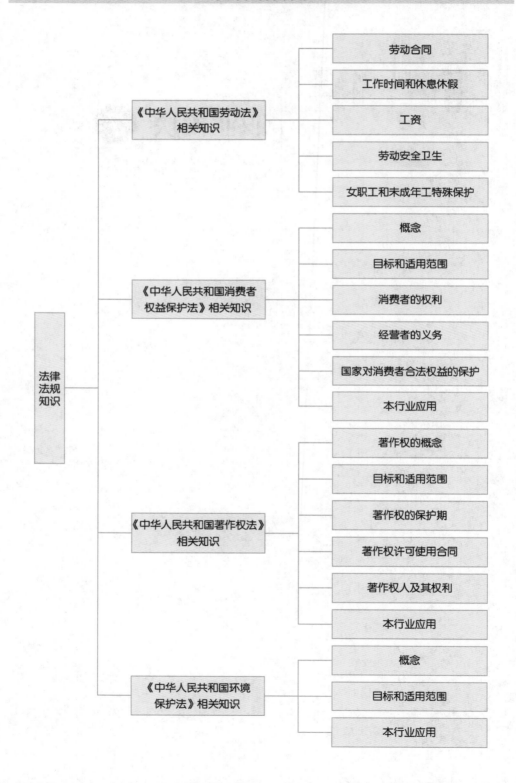

法律法规知识

《中华人民共和国劳动法》相关知识
- 劳动合同
- 工作时间和休息休假
- 工资
- 劳动安全卫生
- 女职工和未成年工特殊保护

《中华人民共和国消费者权益保护法》相关知识
- 概念
- 目标和适用范围
- 消费者的权利
- 经营者的义务
- 国家对消费者合法权益的保护
- 本行业应用

《中华人民共和国著作权法》相关知识
- 著作权的概念
- 目标和适用范围
- 著作权的保护期
- 著作权许可使用合同
- 著作权人及其权利
- 本行业应用

《中华人民共和国环境保护法》相关知识
- 概念
- 目标和适用范围
- 本行业应用

培训项目 **1** 《中华人民共和国劳动法》相关知识

《中华人民共和国劳动法》（以下简称《劳动法》）是国家为了保护劳动者的合法权益，调整劳动关系，建立和维护适应社会主义市场经济的劳动制度，促进经济发展和社会进步，根据宪法而制定颁布的法律。从狭义上讲，《劳动法》是指 1994 年 7 月 5 日第八届全国人民代表大会常务委员会通过，1995 年 1 月 1 日起施行的《中华人民共和国劳动法》（于 2018 年 12 月 29 日在第十三届全国人民代表大会常务委员会第七次会议上进行了第二次修正）；从广义上讲，《劳动法》是调整劳动关系的法律法规，以及调整与劳动关系密切相关的其他社会关系的法律规范的总称。

以下对《劳动法》中的劳动合同、工作时间和休息休假、工资、劳动安全卫生、女职工和未成年工特殊保护等规定进行简单的解析和说明，并配有部分案例以供学习参考。

一、劳动合同

1. 劳动合同的订立

劳动合同是劳动关系建立、变更、解除和终止的一种法律形式，劳动合同法律制度是劳动法的重要组成部分。劳动合同的订立必须遵循以下原则：平等自愿原则；协商一致原则；合法原则。

劳动合同的必备条款涉及 7 项：劳动合同期限；工作内容；劳动保护和劳

动条件；劳动报酬；劳动纪律；劳动合同终止的条件；违反劳动合同的责任。

2. 劳动合同的变更

劳动合同的变更是指劳动合同依法订立后，在合同尚未履行或者尚未履行完毕以前，双方当事人依法对劳动合同约定的内容进行修改或者补充的法律行为。

（1）只要用人单位和劳动者协商一致，即可变更劳动合同的内容。劳动合同是双方当事人协商一致而订立的，当然经协商一致可以予以变更。一方当事人未经对方当事人同意擅自更改合同内容的，变更后的内容对另一方没有约束力。

（2）劳动者患病或者非因工负伤，在规定的医疗期满后不能从事原工作，用人单位可以与劳动者协商变更劳动合同，调整劳动者的工作岗位。

（3）劳动者不能胜任工作，用人单位可以与劳动者协商变更劳动合同，调整劳动者的工作岗位。

（4）劳动合同订立时所依据的客观情况发生重大变化，致使劳动合同无法履行，用人单位可以与劳动者协商变更劳动合同。

（5）劳动者患职业病或者因工负伤并被确认丧失或者部分丧失劳动能力的；劳动者患病或者负伤，在规定的医疗期内的；女职工在孕期、产假、哺乳期内的；法律、行政法规规定的其他情形。这四种情形下，用人单位不得依据劳动法解除劳动合同。

【案例7-1】工程师王某与A公司签订了5年的劳动合同。合同执行到第3年时，王某提出涨薪要求，A公司以"乙方的要求超出合同约定及公司支付能力"为由拒绝。王某在接到拒绝通知的第二天即跳槽到B公司，获得比原来高的薪酬。王某在跳槽前未向A公司提出解除劳动合同申请。

【解析】王某与A公司签订的劳动合同为有效合同。A公司没有出现违反劳动法的行为。《劳动法》中规定用人单位与劳动者协商一致，可以解除劳动合同；劳动者提前30日以书面形式通知用人单位，可以解除劳动合同。王某在未与合同甲方协商一致、未提前30日书面通知甲方的情况下，单方终止劳动合同，属违法行为。王某应按照合同约定向甲方赔偿相应的损失。

二、工作时间和休息休假

1. 工作时间

工作时间是指劳动者根据国家的法律规定，在 1 个昼夜或 1 周之内从事本职工作的时间。《劳动法》规定的劳动者每日工作时间不超过 8 小时，平均每周工作时间不超过 44 个小时。《国务院关于职工工作时间的规定》第三条规定："职工每日工作 8 小时、每周工作 40 小时。"

2. 休息、休假时间

休息时间是指劳动者工作日内的休息时间、工作日间的休息时间和工作周之间的休息时间；法定节假日休息时间、探亲假休息时间和年休假休息时间则称为休假。《劳动法》规定，用人单位在元旦、春节、国际劳动节、国庆节以及法律法规规定的其他休假节日中进行休假。用人单位应当保证劳动者每周至少休息一日。

3. 延长工作时间

延长工作时间是指根据法律的规定，在标准工作时间之外延长劳动者的工作时间，一般分为加班和加点。《劳动法》对于延长工作时间的劳动者范围、延长工作时间的长度、延长工作时间的条件都有具体的限制。延长工作时间的劳动者有权获得相应的报酬。

三、工资

1. 工资分配的原则

工资分配必须遵循以下原则：按劳分配、同工同酬的原则；工资水平在经济发展的基础上逐步提高的原则；工资总量宏观调控的原则；用人单位自主决定工资分配方式和工资水平原则。

2. 最低工资

最低工资是指劳动者在法定工作时间或依法签订的劳动合同约定的工作实践内提供了正常工作的前提下，用人单位依法应支付的最低劳动报酬。在劳动合同中，双方当事人约定的劳动者在未完成劳动定额或承包任务的情况下，用人单位可低于最低工资标准支付劳动者工资的条款不具有法律效力。

【案例7-2】孙某为河北省某县农民，在某市打工。2000年12月经人介绍，孙某到某搬家公司做搬运工人，公司每月支付孙某工资300元，并安排孙某在公司的集体宿舍居住。2001年2月，某市在公共场所宣传劳动法，孙某听到宣传，得知当地的最低工资标准为每月412元，遂找到公司徐经理要求增加工资。徐经理不同意，说：公司给孙某提供住处不是免费的，而是每月从工资中扣除100元，发到孙某手里300元，而且公司为工人提供免费午餐，并给工人统一购买服装，遇到加班加点还按法律规定付给加班加点费，这些费用加起来孙某的每月收入早已超过412元，公司没有违反当地最低工资的规定。如果孙某不愿意在这儿干，可以到别处去干。

问题：徐经理对公司没有违反最低工资规定的表述是否正确？为什么？若公司的行为不符合法律规定，应承担哪些法律责任？

【解析】徐经理对公司没有违反最低工资规定的表述不正确。最低工资，是指用人单位对单位时间劳动必须按法定最低标准支付的工资，对最低工资应正确计算。根据《企业最低工资规定》，加班加点工资、劳动保护待遇、福利待遇等不得作为最低工资的组成部分。徐经理将工作午餐、劳动保护费用、福利待遇计算在最低工资范畴内是错误的。本案中，孙某每月只得到300元工资，没有达到当地月工资412元的最低工资标准，搬家公司的行为已违反了法律规定。用人单位应承担的责任有：用人单位支付劳动者的工资报酬低于当地最低工资标准的，要在补足标准部分的同时另外支付相当于低于部分25%的经济补偿。

四、劳动安全卫生

劳动安全卫生主要是指劳动保护，是指规定劳动者的生产条件和工作环境状况，保护劳动者在劳动中的生命安全和身体健康的各项法律规范，有利于保护劳动者的生命权和健康权，有利于促进生产力的发展和劳动生产率的不断提高。

劳动者的权利包括：获得各项保护条件和保护待遇的权利；知情权；提出批评、检举、控告的权利；拒绝执行的权利；获得工伤保险和民事赔偿的权利。

劳动者的义务包括：在劳动过程中必须严格遵守安全操作规程；接受安全生产教育和培训；报告义务。

五、女职工和未成年工特殊保护

1. 女职工特殊保护

由于女性的身体结构和生理机能与男性不同，有些工作会给女性的身体健康带来危害，从保护女职工生命安全、身体健康的角度出发，法律规定了女职工禁止从事的劳动范围，这不属于对女职工的性别歧视，而是对女职工的保护。同时，对女职工特殊生理期间的保护是指对女职工在经期、孕期、产期、哺乳期的保护，也称为女职工的"四期"保护。

2. 未成年工特殊保护

未成年工指年满 16 周岁未满 18 周岁的劳动者。未成年工劳动过程中的保护内容包括：用人单位不得安排未成年工从事的劳动范围；未成年工患有某种疾病或具有某种生理缺陷（非残疾型），用人单位不得安排其从事的劳动范围；用人单位应对未成年工定期进行健康检查；用人单位招收使用未成年工登记制度；未成年工上岗前的安全卫生教育。

【案例 7-3】李某与某宾馆签订了为期 5 年的劳动合同，其中有一条款："鉴于宾馆服务行业本身的特殊要求，凡在本宾馆工作的女性服务员，合同期内不得怀孕，否则企业有权解除劳动合同。"合同履行约 1 年后，李某的男友单位筹建家属楼，为能分到住房，李某与男友结婚，不久怀孕。宾馆得知后，以李某违反合同条款为由作出与李某解除劳动合同的决定。

问题：某宾馆能否单方解除劳动合同？

【解析】某宾馆不能单方解除与李某的劳动合同。为保护女职工的合法权益，我国劳动法明确规定女职工在孕期、产期、哺乳期内的，用人单位不得解除劳动合同。合同应继续履行。

除以上内容之外，《劳动法》还对促进就业、集体合同、职业培训、社会保险和福利、劳动争议监督检查、法律责任等都作了具体规定。该法律的发布和施行，对于保护劳动者的合法权益，调整劳动关系，建立和维护适应社会主义市场经济的劳动制度意义重大。

培训项目 **2**

《中华人民共和国消费者权益保护法》相关知识

一、概念

《中华人民共和国消费者权益保护法》(以下简称《消费者权益保护法》)是调整消费者在购买、使用商品或接受服务过程中与经营者在提供其生产、销售的产品或者提供服务中发生的经济关系的法律规范的总称。《消费者权益保护法》规定，在交易过程中应当遵循自愿、平等、公平和诚实信用的原则。本法自 1994 年 1 月 1 日起施行。该法根据 2009 年 8 月 27 日第十一届全国人民代表大会常务委员会第十次会议《关于修改部分法律的规定》第一次修正；根据 2013 年 10 月 25 日第十二届全国人民代表大会常务委员会第五次会议《关于修改〈中华人民共和国消费者权益保护法〉的决定》第二次修正。

二、目标和适用范围

为保护消费者的合法权益，维护社会经济秩序，促进社会主义市场经济健康发展，制定本法。

消费者为生活消费需要购买、使用商品或者接受服务，其权益受本法保护；本法未作规定的，受其他有关法律、法规保护。

经营者与消费者进行交易，应当遵循自愿、平等、公平、诚实信用的原则。

三、消费者的权利

1. 消费者享有自主选择商品或者服务的权利。

2. 消费者享有公平交易的权利。

3. 消费者因购买、使用商品或者接受服务受到人身、财产损害的，享有依法获得赔偿的权利。

4. 消费者享有依法成立维护自身合法权益的社会团体的权利。

5. 消费者享有获得有关消费和消费者权益保护方面的知识的权利。

6. 消费者在购买、使用商品和接受服务时，享有其人格尊严、民族风俗习惯得到尊重的权利。

7. 消费者享有对商品和服务以及保护消费者权益工作进行监督的权利。

四、经营者的义务

1. 经营者向消费者提供商品或者服务，应当依照《中华人民共和国产品质量法》和其他有关法律、法规的规定履行义务。经营者和消费者有约定的，应当按照约定履行义务，但双方的约定不得违背法律、法规的规定。

2. 经营者应当听取消费者对其提供的商品或者服务的意见，接受消费者的监督。

3. 经营者应当保证其提供的商品或者服务符合保障人身、财产安全的要求。

4. 经营者应当向消费者提供有关商品或者服务的真实信息，不得作引人误解的虚假宣传。

5. 经营者应当标明其真实名称和标记。

6. 经营者提供商品或者服务，应当按照国家有关规定或者商业惯例向消费者出具购货凭证或者服务单据；消费者索要购货凭证或者服务单据的，经营者必须出具。

7. 经营者应当保证在正常使用商品或者接受服务的情况下其提供的商品或

者服务应当具有的质量、性能、用途和有效期限；但消费者在购买该商品或者接受该服务前已经知道其存在瑕疵的除外。

8. 经营者以广告、产品说明、实物样品或者其他方式表明商品或者服务的质量状况的，应当保证其提供的商品或者服务的实际质量与表明的质量状况相符。

9. 经营者提供商品或者服务，按照国家规定或者与消费者的约定，承担包修、包换、包退或者其他责任的，应当按照国家规定或者约定履行，不得故意拖延或者无理拒绝。

10. 经营者不得以格式合同、通知、声明、店堂告示等方式作出对消费者不公平、不合理的规定，或者减轻、免除其损害消费者合法权益应当承担的民事责任。格式合同、通知、声明、店堂告示等含有前款所列内容的，其内容无效。

11. 经营者不得对消费者进行侮辱、诽谤，不得搜查消费者的身体及其携带的物品，不得侵犯消费者的人身自由。

五、国家对消费者合法权益的保护

消费者和经营者发生消费者权益争议的，可以通过下列途径解决：
1. 与经营者协商和解。
2. 请求消费者协会调解。
3. 向有关行政部门申诉。
4. 根据与经营者达成的仲裁协议提请仲裁机构仲裁。
5. 向人民法院提起诉讼。

六、本行业应用

消费者在接受美甲服务过程中，美甲师及经营者要遵循自愿、平等、公平和诚实信用的原则，保障消费者的合法权益，促进美甲市场的健康发展，经营者及美甲师在履行义务的同时，要切实保障消费者权利的实现，如发生争议，应通过合法适当的途径和手段解决。

培训项目 ③ 《中华人民共和国著作权法》相关知识

一、著作权的概念

著作权又称版权，它是指公民、法人或非法人单位创作了某种作品，依法享有署名、发表、出版、获得报酬等的权利。《中华人民共和国著作权法》（以下简称《著作权法》）自 1991 年 6 月 1 日起施行。2010 年 4 月 1 日《著作权法（修订版）》正式施行。

二、目标和适用范围

1. 为保护文学、艺术和科学作品作者的著作权，以及与著作权有关的权益，鼓励有益于社会主义精神文明、物质文明建设的作品的创作和传播，促进社会主义文化和科学事业的发展与繁荣，根据宪法制定本法。

2. 中国公民、法人或者其他组织的作品，不论是否发表，依照本法享有著作权。

3. 本法所称的作品，包括以下列形式创作的文学、艺术和自然科学、社会科学、工程技术等作品：

（1）文字作品。

（2）口述作品。

（3）音乐、戏剧、曲艺、舞蹈、杂技艺术作品。

（4）美术、建筑作品。

（5）摄影作品。

（6）电影作品和以类似摄制电影的方法创作的作品。

（7）工程设计图、产品设计图、地图、示意图等图形作品和模型作品。

（8）计算机软件。

（9）法律、行政法规规定的其他作品。

4. 依法禁止出版、传播的作品，不受本法保护。著作权人行使著作权，不得违反宪法和法律，不得损害公共利益。

5. 本法不适用于以下情况：

（1）法律、法规，国家机关的决议、决定、命令和其他具有立法、行政、司法性质的文件，及其官方正式译文。

（2）时事新闻。

（3）历法、通用数表、通用表格和公式。

6. 民间文学艺术作品的著作权保护办法由国务院另行规定。

7. 国务院著作权行政管理部门主管全国的著作权管理工作；各省、自治区、直辖市人民政府的著作权行政管理部门主管本行政区域的著作权管理工作。

三、著作权的保护期

著作权自作品完成创作之日起产生，并受《著作权法》保护。作者的署名权、修改权、保护作品完整权的保护期不受限制。公民的作品，其发表权、本法第十条第一款第（五）项至第（十七）项规定的权利的保护期为作者终生及其死亡后 50 年；合作作品的保护期截止于最后死亡的作者死亡后第 50 年的 12 月 31 日；法人或其他组织的作品，著作权（署名权除外）由法人或其他组织享有的职务作品，其发表权、本法第十条第一款第（五）项至第（十七）项规定的权利的保护期为 50 年，截止于作品首次发表后第 50 年的 12 月 31 日，但作品自创作完成后 50 年内未发表的，本法不再保护。

四、著作权许可使用合同

使用他人作品应当同著作权人订立著作权许可使用合同。合同应包括下列主要条款：

1. 许可使用的权利种类。
2. 许可使用的权利是否是专有使用权。
3. 许可使用的地域范围、期间。
4. 付酬标准和办法。
5. 违约责任。
6. 双方认可需要约定的其他内容。

五、著作权人及其权利

1. 著作权人

（1）作者。

（2）其他依照本法享有著作权的公民、法人或者其他组织。

2. 著作权人的权利

（1）发表权

决定作品是否公之于众的权利。

（2）署名权

表明作者身份，在作品上署名的权利。

（3）修改权

修改或者授权他人修改作品的权利。

（4）保护作品完整权

保护作品不受歪曲、篡改的权利。

（5）复制权

以印刷、复印、拓印、录音、录像、翻录、翻拍等方式将作品制作一份或者多份的权利。

（6）发行权

以出售或者赠予方式向公众提供作品的原件或者复制件的权利。

（7）出租权

有偿许可他人临时使用电影作品和以类似摄制电影的方法创作的作品、计算机软件的权利，计算机软件不是出租的主要标的的除外。

（8）展览权

公开陈列美术作品、摄影作品的原件或者复制件的权利。

（9）表演权

公开表演作品，以及用各种手段公开播送作品的表演的权利。

（10）放映权

通过放映机、幻灯机等技术设备公开再现美术、摄影、电影和以类似摄制电影的方法创作的作品等的权利。

（11）广播权

以无线方式公开广播或者传播作品，以有线传播或者转播的方式向公众传播广播的作品，以及通过扩音器或者其他传送符号、声音、图像的类似工具向公众传播广播的作品的权利。

（12）信息网络传播权

以有线或者无线方式向公众提供作品，使公众可以在其个人选定的时间和地点获得作品的权利。

（13）摄制权

以摄制电影或者以类似摄制电影的方法将作品固定在载体上的权利。

（14）改编权

改变作品，创作出具有独创性的新作品的权利。

（15）翻译权

将作品从一种语言文字转换成另一种语言文字的权利。

（16）汇编权

将作品或者作品的片段通过选择或者编排，汇集成新作品的权利。

（17）应当由著作权人享有的其他权利

著作权人可以许可他人行使前款第五项至第十七项规定的权利，并依照约定或者本法有关规定获得报酬。

著作权人可以全部或者部分转让前款第五项至第十七项规定的权利，并依照约定或者本法有关规定获得报酬。

六、本行业应用

美甲师与经营者有出版、录音录像拍照、播放或翻印、出售他人的作品时，应当征得著作权人的同意，并向著作权人支付相应报酬。

培训项目 4

《中华人民共和国环境保护法》相关知识

一、概念

《中华人民共和国环境保护法》（以下简称《环境保护法》）是指调整保护环境、防治污染和其他公害方面关系的法律规范的总称。主要包括对大气、水、噪声等的防治。《环境保护法》于 2014 年 4 月 24 日修订通过，自 2015 年 1 月 1 日起施行。

二、目标和适用范围

为保护和改善生活环境与生态环境，防治污染和其他公害，保障人体健康，促进社会主义现代化建设的发展，制定本法。

本法所称环境，是指影响人类生存和发展的各种天然的和经过人工改造的自然因素的总体，包括大气、水、海洋、土地、矿藏、森林、草原、野生生物、自然遗迹、人文遗迹、自然保护区、风景名胜区、城市和乡村等。

本法适用于中华人民共和国领域和中华人民共和国管辖的其他海域。

一切单位和个人都有保护环境的义务，并有权对污染和破坏环境的单位和个人进行检举和控告。

对保护环境有显著成绩的单位和个人，由人民政府给予奖励。

国务院环境保护行政主管部门制定国家环境质量标准。

三、本行业应用

美甲师和经营者应遵守《环境保护法》，为消费者提供无毒、无公害、无污染、高品质的服务，以保证消费者的身体健康。同时保护身边环境，按照国家环境质量标准经营服务。